W0194718

Alle
# Lokomotiven
*die man kennen muss*

# Alle
# Lokomotiven
## *die man kennen muss*

## Bauarten

In Deutschland wird die Achsfolge mit einer Ziffern-Buchstaben-Kombination angegeben. Großbuchstaben nennen die Zahl der angetriebenen Achsen, Ziffern die Zahl der Laufachsen. Sind Achsen in einem eigenen Gestell gelagert, wird dies durch ein Apostroph gekennzeichnet. Einzeln angetriebene Achsen erhalten ein nachgestelltes „o". Eine 2'C1-Lokomotive ist beispielsweise eine Maschine mit drei angetriebenen Achsen, einem zweiachsigen Vorlaufdrehgestell und einer fest im Rahmen gelagerten Nachlaufachse. Eine 1'Do1'-Maschine hat vier einzeln angetriebene Achsen und je ein Vor- und Nachlaufgestell.

Kleinbuchstaben und Ziffern hinter der Achsfolge definieren bei Dampf- und Dieselloks die Antriebstechnik. Ein „n" kennzeichnet eine Nassdampf-, ein „h" eine Heißdampflok. Die Ziffer markiert die Zahl der Zylinder, ein nachgestelltes „v" eine Verbund-, ein „t" eine Tenderlok. Steht hinter der Achsfolge ein „de", handelt es sich um eine Dieselmaschine mit elektrischer Leistungsübertragung. Diesellokomotiven mit hydraulischem Getriebe erhalten ein „dh", Triebfahrzeuge mit mechanischer Kraftübertragung ein „dm".

© Naumann & Göbel Verlagsgesellschaft mbH, Köln
Autoren: Klaus Eckert und Torsten Berndt
Coverfoto: mauritius images/Arthur Cupak
Gesamtherstellung: Naumann & Göbel Verlagsgesellschaft mbH, Köln
Alle Rechte vorbehalten
ISBN 978-3-625-12040-7
www.naumann-goebel.de

# Inhalt

| | |
|---|---|
| **Einleitung** | **7** |
| **Europa** | **10** |
| Großbritannien | 12 |
| Deutschland | 18 |
| Niederlande | 126 |
| Belgien | 130 |
| Luxemburg | 138 |
| Österreich | 140 |
| Schweiz | 160 |
| Frankreich | 176 |
| Italien | 184 |
| Norwegen | 196 |
| Schweden | 198 |
| Dänemark | 204 |
| Estland | 208 |
| Russland | 210 |
| Polen | 218 |
| Tschechien, Slowakei | 220 |
| Ungarn | 230 |
| Rumänien | 236 |
| Jugoslawien | 238 |
| Griechenland | 240 |
| Türkei | 246 |

# Inhalt

**Amerika**                             **250**

**Asien**                                 **270**

**Australien/Neuseeland**      **276**

**Afrika**                               **284**

**Abkürzungsverzeichnis**        288

# Einleitung

Heutzutage erscheint es uns unvorstellbar, dass es eine Zeit gab, in der Menschen beim Anblick einer Dampflokomotive in Panik davonrannten. Mittlerweile befinden wir uns im 21. Jahrhundert, Schnelligkeit ist selbstverständlich, und die seltenen Dampfrösser wecken nurmehr nostalgische Gefühle.

Am Anfang der technischen Entwicklung stand die Dampfmaschine. Die Geschichte der Eisenbahn ist deshalb in erster Linie auch die der Dampftraktion. Sie bestimmte bis weit in unsere Tage hinein die Welt der Eisenbahnen. Von wenigen Strecken abgesehen, sind dampfgetriebene Aggregate freilich nur noch unter musealem Aspekt ein Faktor.

Ein halbes Jahrhundert lang prägte Großbritannien die Eisenbahngeschichte. James Watt, Richard Trevithick und George Stephenson drückten ihr den Stempel auf. Die Erfindung der Dampfmaschine durch James Watt läutete nicht nur die industrielle Revolution ein. Sie schuf auch das

Bedürfnis, die neue Kraftmaschine für die Fortbewegung der Menschen zu nutzen. Allerdings eigneten sich die ersten Dampfmaschinen kaum für Fahrzeuge. Der Dampf drückte den Kolben zwar in eine Richtung. In die Ausgangsstellung gelangte er aber durch Gegengewichte. Watt entwickelte daher eine doppelt wirkende Maschine, deren Kolben zunächst in die eine Richtung und danach in die Gegenrichtung geschoben wurde. Das Zweitaktprinzip reichte aber für den Einsatz in Fahrzeugen noch nicht aus, da der Dampfdruck anfangs relativ niedrig war.

# Einleitung

Der „Golden Arrow", als es in England noch legendäre Expresszüge gab …

Richard Trevithick schuf Abhilfe, indem er eine Dampfmaschine mit fünf bar Dampfdruck entwickelte. Von einer Hochdruckmaschine sollte man besser nicht sprechen – später galten zwölf bis 15 bar Dampfdruck als Normal- und 20 bis 25 bar als Mitteldruck. Nach einem Dampfwagen, der 1802 als eines der ersten Autos auf der Straße fuhr, stellte Trevithick 1804 die erste Dampflokomotive auf Räder und Schienen. Die „Pennydarren" schleppte in einem Hüttenwerk Güterzüge. Vier Jahre später präsentierte Trevithick die Dampflok einem größeren Publikum. In einer Art Freizeitpark ließ er die „Catch me who can" kreisen. Für einen Schilling konnten Neugierige und Mutige mitfahren. Das Abenteuer endete leider tragisch. Die Schienen hielten dem Gewicht der Maschine nicht stand, die eines Tages entgleiste.

George Stephenson erkannte, dass Rad und Schiene zusammenpassen müssen „wie Mann und Weib". Im zweiten Jahrzehnt des 19. Jahrhunderts hatte er mit der „Mylord" sein Gesellenstück gefertigt. Damit wäre er aber nur einer von vielen Fabrikanten geworden, die sich in jenen Tagen dem Dampfross zuwandten. Stephenson brachte den Systemgedanken in die Entwicklerstuben. Er arbeitete nicht nur an der Verbesserung der Fahrzeugtechnik, sondern wandte sich auch intensiv dem Streckenbau zu. Zu seinem Glück konnte die Eisenindustrie zwischenzeitlich sehr viel tragfähigere, gewalzte statt der bislang gusseisernen Schienen anbieten. Stephenson wandte seine Erkenntnisse erstmals praktisch beim Bau der Eisenbahn Stockton–Darlington an. Dort setzte er nicht nur den Dampfbetrieb vom ersten Tage an durch, sondern sich selbst mit der Überwindung des berüchtigten Katzenmoors ein Denkmal. Dieses stand in dem Ruf, Pferd und Reiter zu verschlingen. Vor der Dampflok hatte es aber Respekt. Stephenson gelang es sogar, mit 50 Prozent der veranschlagten Baukosten auszukommen.

Mit dem Adler fing das Zeitalter der Eisenbahn in Deutschland an.

Doch nicht nur die Dampflokomotiven sollen in diesem Buch eine Rolle spielen. Quer durch die Epochen und rund um den Erdball werden Lokomotiven vorgestellt. Dabei werden nicht nur die wichtigsten, in großer Stückzahl gebauten Loks erwähnt, sondern auch Exoten, die nur als Einzelexemplare in Dienst gestellt wurden. Die einzelnen Triebfahrzeuge sind in den Länderkapiteln nach Baureihen in numerischer Reihenfolge aufgeführt. Darüber hinaus wird manch eine interessante Bahnstrecke mit ihren typischen Fahrzeugen vorgestellt.

# Europa

# Großbritannien

Wie in vielen anderen Ländern auch musste sich das neue Verkehrsmittel in Großbritannien zunächst einmal auf Relationen bewähren, die heute ziemlich unbedeutend sind. Der Plan einer Eisenbahnlinie Liverpool–Manchester scheiterte zunächst am Widerstand der Kanallobby. Man schrieb das Jahr 1830, als erstmals ein Dampfzug die beiden Industriestädte miteinander verband.

Die „Rocket" aus dem Hause Stephenson ging als Siegerin des Zeitfahrens von Rainhill in die Geschichte ein. 1829, beim Bau der zweiten englischen Eisenbahnstrecke Manchester–Liverpool, hatten George und Robert Stephenson diesen Wettbewerb angeregt, bei dem die leistungsfähigste und zuverlässigste Dampflok gewinnen sollte. Die „Rocket" erreichte damals eine für jene Zeit atemberaubende Geschwindigkeit von 50 km/h.

## Stephensons „Rocket"

| | |
|---|---|
| Bauart: | A1'n2 |
| Baujahr: | 1829 |
| Dienstmasse: | 4,32 t |
| Stückzahl: | 1 |

# „Sir Nigel Gresley"/ LNER Class A4 (BR No. 60007)

| Bauart: | 2'C1'h3 |
|---|---|
| Baujahre: | 1935–1938 |
| Länge über Kupplung: | 21.650 mm |
| Dienstmasse: | 102,2 t |
| Stückzahl: | 35 |

Als vergrößerte, stromlinienverkleidete Version der berühmten Class A3 wurde ab 1935 die Class A4 gefertigt. Die eleganten Schnellzugloks fuhren als Paradepferde der LNER auf den Linien London/King's Cross–Newcastle, Edingburgh, Aberdeen. 1967, ein Jahr nach der Ausmusterung, ließen Dampflokfreunde, die sich zu einem Verein formiert hatten, „Sir Nigel Gresley" generalüberholen und wieder ins LNER-Design zurückversetzen.

# „Blue Peter"/LNER Class A2 (BR No. 60532)

| Bauart: | 2'C1'h3 |
| --- | --- |
| Baujahr: | 1948 |
| Länge über Kupplung: | 18.288 mm |
| Dienstmasse: | 161 t |
| Stückzahl: | 15 |

Oftmals benannte die LNER ihre Dampflokomotiven nach berühmten Rennpferden. „Blue Peter" hatte 1939 viele Rennen gewonnen. Die gleichnamige Lok war in Schottland eingesetzt und bespannte dort Schnellzüge. 1966 erfolgte die Ausmusterung. Im Jahr 1968 kaufte ein Privatmann die Lok mit dem einprägsamen Namen und ließ sie mit Hilfe der gleichnamigen BBC-Kindersendung, die einen Spendenaufruf sendete, wieder instand setzen.

Obwohl die Class 56 heute von der Class 60 aus ihren angestammten Einsatzgebieten verdrängt wird, spielt sie im englischen Eisenbahnverkehr immer noch eine wichtige Rolle. Die Loks entstanden teils in England, teils in Rumänien als schwere Güterzuglokomotiven. Die rumänischen Dieselmaschinen wurden in den letzten Jahren alle abgestellt, da sie vermehrt Schäden aufwiesen.

| Bauart: | Co'Co' |
|---|---|
| Baujahre: | 1976/1977 |
| Leistung: | 2420 kW |
| Dienstmasse: | 125 t |
| Stückzahl: | 135 |

# Class 91

| Bauart: | Bo'Bo' |
|---|---|
| Baujahre: | ab 1988 |
| Leistung: | 4549 kW |
| Länge über Kupplung: | 19.400 mm |
| Dienstmasse: | 84 t |
| Stückzahl: | 31 |

Auf der Magistrale London–Glasgow, die über Peterborough, York, Newcastle-upon-Tyne und Edinburgh führt, gehören die Elektroloks der Baureihe 91 zum alltäglichen Erscheinungsbild. Sie schleppen die Reisezüge der Eisenbahngesellschaft GNER und können maximal auf 225 km/h beschleunigen. Allerdings erlaubt die Strecke, insbesondere nördlich von York, meist nur Tempo 200.

# Class Eurostar

Elf Einheiten der britisch-französischen Gemeinschaftsproduktion Eurostar gehören der britischen Betreiberfirma, 16 der SNCF und vier der SNCB. Neben dem britischen Zugleitsystem verfügt der Eurostar auch über das französische und belgische. Darüber hinaus ist er in der Lage, vier Signalsysteme zu verarbeiten. Auf den französischen Strecken erreicht der Zug maximal 300 km/h.

| Bauart: | Bo'Bo'+Bo'2'2'2'2'2' 2'2' 2'2'2'2'2'2'2'2'2'2' Bo'+Bo'Bo' |
|---|---|
| Baujahre: | 1993–1995 |
| Leistung: | 12.200 kW |
| Länge über Kupplung: | 394.000 mm |
| Dienstmasse: | 752 t |
| Stückzahl: | 31 |

# Deutschland

Seit bald 170 Jahren fahren in Deutschland Eisenbahnen. Das Zeitalter des Schienenverkehrs begann zwischen Nürnberg und Fürth.
Als das Eisenbahnzeitalter begann, gab es Deutschland noch nicht. Das spätere Reichsgebiet gliederte sich in viele kleine, aber souveräne Staaten. In den meisten Staaten entstanden eigene Bahnen, mal privatwirtschaftlicher Natur, mal als Staatsbetriebe. Auch nach der Reichsgründung 1871 blieben die Länderbahnen erhalten. Erst 1920 übernahm das Reich die inzwischen weitgehend verstaatlichten Schienenwege und gründete die Deutsche Reichsbahn.
Für die Meterspurstrecken in der Pfalz fertigte Krauss zweiachsige Tenderloks. Außerordentlich zuverlässig waren sie zeitlebens auf der Strecke Neustadt–Speyer im Einsatz.

## Baureihe 99.00 (pfälz. L 2)

| | |
|---|---|
| Bauart: | Bn2t |
| Baujahre: | 1903–1905 |
| Länge über Puffer: | 6030 mm |
| Dienstmasse: | 15 t |
| Stückzahl: | 5 |

# 99 022 (old. B)

| Bauart: | Bn2t |
|---|---|
| Baujahr: | 1910 |
| Leistung: | 73,6 kW |
| Länge über Puffer: | 5350 mm |
| Dienstmasse: | 12,2 t |
| Stückzahl: | 2 |

Hanomag lieferte der Oldenburgischen Staatsbahn zwei B-Kuppler für die Wangerooger Inselbahn. Die Loks waren etwas größer und leistungsstärker als ihre Vorgänger. Obwohl sich die Überlegenheit des Heißdampfes längst erwiesen hatte, entstanden sie in Nassdampfausführung. Die 99 022 hatte eine außenliegende Heusinger-Steuerung. 1942 musste sie die Reise an die Ostfront antreten und kehrte nicht mehr zurück.

# Baureihe 99.08
## (pfälz. L 1, pfälz. Pts 3/3 N)

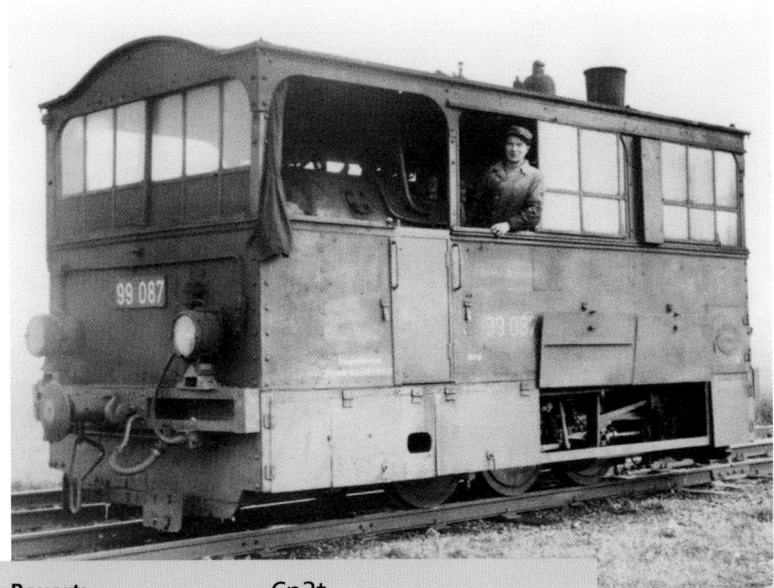

| Bauart: | Cn2t |
|---|---|
| Baujahre: | 1889–1911 |
| Länge über Puffer: | 6000 mm |
| Dienstmasse: | 22,7/23,4 t |
| Stückzahl: | 13 |

Krauss lieferte der Pfalzbahn Trambahnloks für die meterspurigen Strecken im Raum Ludwigshafen/Neustadt/Speyer. Anfangs wurden sie als Gattung L bezeichnet, nach der Übernahme der Pfalzbahn durch die Staatsbahnen als Pts 3/3. Später kam das „N" für Nassdampf hinzu. Die Kohlevorräte lagerten hinter dem Stehkessel, was das Bekohlen erschwerte. Eine Lok ging im Ersten Weltkrieg verloren. Die übrigen gelangten zur Reichsbahn. Erst 1954 rollte die letzte auf das Abstellgleis.

# 99 221–223

Für den Einsatz auf Meterspurstrecken entwickelte die Reichsbahn Neubauloks mit dem Kessel der 81. Die Loks sollten
zunächst auf den preußischen Strecken fahren, später auch in
Baden, Bayern und Württemberg. Letzten Endes entstanden
aber nur Maschinen für die Strecke Eisfeld–Schönbrunn. Zwei
Loks gelangten 1944 nach Norwegen und verblieben dort. Nach
der Stilllegung ihrer Strecke 1966 gelangte die dritte Lok in den
Harz. 1994 wurde sie bei einem Unfall schwer beschädigt.

| Bauart: | 1'E1'h2t |
|---|---|
| Baujahr: | 1930 |
| Leistung: | 511 kW |
| Länge über Puffer: | 11.636 mm |
| Dienstmasse: | 65,8 t |
| Stückzahl: | 3 |

# Baureihe 99 321–323

In den dreißiger Jahren wollte die Reichsbahn den Reisezugverkehr auf der Bad Doberaner Bäderbahn beschleunigen und beschaffte für 50 km/h zugelassene Maschinen. Das im oberen Teil zwecks Einhaltung des Lichtraumprofils stark abgeschrägte Führerhaus gab den Maschinen ein eigenwilliges Aussehen. Um ein Qualmen in der Stadt zu vermeiden, erhielt der Schlot eine seilzugbetätigte Klappe. Bis heute fahren die Loks auf der inzwischen privatisierten 900-mm-Bahn.

| Bauart: | 1'D1'h2t |
|---|---|
| Baujahr: | 1932 |
| Länge über Puffer: | 10.595 mm |
| Dienstmasse: | 43,68 t |
| Stückzahl: | 3 |

# Baureihe 99.43, 99.44 (pr. T 39)

| Bauart: | En2t |
|---|---|
| Baujahre: | 1919–1926 |
| Länge über Puffer: | 9304 mm |
| Dienstmasse: | 40/44 t |
| Stückzahl: | 7 + 6 |

In Oberschlesien betrieben die preußischen Staatsbahnen Strecken mit der ungewöhnlichen Spurweite von 785 mm. Dafür beschafften sie fünffach gekuppelte Loks mit zahnradgetriebenen Endradsätzen Bauart Luttermöller. Die Reichsbahn orderte zwei weitere Serien mit von 800 auf 850 mm erhöhtem Raddurchmesser. Die Preußinnen erhielten die Bezeichnung 99.43, die Nachbauten die 99.44. Nach 1945 verblieben die Loks in Polen und fuhren bis 1960 als Baureihe Tw-3.

# Baureihe 99.61 (sä. V K)

| | |
|---|---|
| **Bauart:** | Dn2vt |
| **Baujahre:** | 1901–1907 |
| **Länge über Puffer:** | 8950 mm |
| **Dienstmasse:** | 28,8 t |
| **Stückzahl:** | 9 |

Speziell für die Müglitztalbahn Heidenau–Altenberg bestellten die Sächsischen Staatsbahnen bei Hartmann eine Einrahmenlok, die den Kessel der IV K erhielt. So konnte man den exzellenten Dampfspender ohne das wartungsaufwändige Meyer-Triebwerk nutzen. Um in Anschlussgleisen 40-m-Radien problemlos zu durchfahren, erhielten die Loks Klien-Lindner-Hohlachsen. Günstiger in der Unterhaltung als die IV K war die V K aber nicht, weshalb nur wenige Loks entstanden. Sämtliche Loks gelangten zur Reichsbahn, die sie bis 1942 einsetzte.

# Baureihe 99.64, 99.67 (sä. VI K)

Für die Heeresfeldbahnen hatte Henschel Loks mit 750 mm Spurweite gebaut. 1919 griffen die Sächsischen Staatsbahnen zu und übernahmen die mit seitenverschiebbaren Kuppelachsen und Rauchrohrüberhitzer der Bauart Schmidt ausgerüsteten Maschinen als Gattung VI K. Da sie sich bewährten, ließ die Reichsbahn sie nachbauen. Die Nachzügler erhielten eine eigene, höhere Baureihenbezeichnung. Die Bundesbahn setzte die zehn übernommenen Loks bis Ende der sechziger, die Reichsbahn ihre 27 Exemplare bis in die siebziger Jahre ein.

| | |
|---|---|
| Bauart: | Eh2t |
| Baujahre: | 1918–1927 |
| Länge über Puffer: | 8660/8990 mm |
| Dienstmasse: | 40,4/42,25 t |
| Stückzahl: | 62 |

# Baureihe 99.750 (sä I K)

Gedrungen wirkten die 750-mm-Lokomotiven, die auf den krümmungsreichen Schmalspurbahnen Sachsens fuhren. Die Kesselaufbauten waren bei den einzelnen Lieferungen für die Staatsbahnen und die ZOJE unterschiedlich ausgeführt. 1913 kuppelten die Staatsbahnen vier Loks zu zwei Doppelloks führerhausseitig zusammen. Ein Pärchen wurde 1916, das andere 1923 getrennt. Die Reichsbahn musterte die Loks bis 1928 aus. Im Zweiten Weltkrieg kamen zwei 1919 an Polen abgetretene Loks zurück und erhielten die Nummern 99 2504 und 99 2505.

| | |
|---|---|
| **Bauart:** | Cn2t |
| **Baujahre:** | 1881–1891 |
| **Länge über Puffer:** | 5630/5740 mm |
| **Dienstmasse:** | 15,45–16,8 t |
| **Stückzahl:** | 44 |

| Bauart: | 1'E1'h2t |
|---|---|
| Baujahre: | 1952–1957 |
| Leistung: | 365 kW |
| Länge über Puffer: | 10.000 mm |
| Dienstmasse: | 55 t |
| Stückzahl: | 24 |

Anfang der fünfziger Jahre dachte die Reichsbahn auch an die Erneuerung des Lokbestandes der Schmalspurstrecken. Bei LOB entstanden daher in Anlehnung an die Baureihe 99.73 leistungsstarke Maschinen, welche die modernen Baugrundsätze verkörperten. Probleme bereitete vor allem der anstelle des Barrenrahmens installierte Blechrahmen, der zu Verbiegungen neigte. Doch erst ab 1991 fertigte das Raw neue Rahmen, zudem Ersatzkessel. Zahlreiche Loks sind noch heute im Einsatz.

# Baureihe 01 mit Altbaukessel

Die 01 verkörpert die Einheitslok schlechthin. Sie war zwar weder die leistungsfähigste noch die schnellste Maschine ihrer Familie. Mit ihr und der Schwester 02, die später in die 01 umgebaut wurde, begann aber das neue Zeitalter des Bahnverkehrs in Deutschland. Erst sehr spät konnte die Bahn auf sie verzichten. Die Bundesbahn musterte sie 1973 aus, die Reichsbahn 1982.

| | |
|---|---|
| **Bauart:** | 2'C1'h2 |
| **Baujahre:** | 1926–1938 |
| **Leistung:** | 1635 kW |
| **Länge über Puffer:** | 23.940 mm |
| **Dienstmasse:** | 108,9 t |
| **Stückzahl:** | 231 |

Anfang des 20. Jahrhunderts schwelgten die Techniker im Geschwindigkeitsrausch. Bei Berlin erreichte ein elektrischer Triebwagen 210,2 km/h Spitzentempo. Auch Dampfloks stießen in neue Geschwindigkeitsregionen vor. Da wollten die Bayerischen Staatsbahnen nicht außen vor bleiben und orderten bei Maffei eine hochgezüchtete Lok, die 150 km/h erreichen sollte. Wegen der geringen Reibungsmasse, die knapp 40 Prozent der Dienstmasse ausmachte, eignete sich die Lok kaum für den Plandienst. Das Bw München gab sie 1910 in die Pfalz ab. Zuletzt wieder in Bayern stationiert, wechselte sie 1925 in das Nürnberger Verkehrsmuseum.

| | |
|---|---|
| **Bauart:** | 2'B2'h4v |
| **Baujahr:** | 1906 |
| **Länge über Puffer:** | 21.182 mm |
| **Dienstmasse:** | 83,4 t |
| **Stückzahl:** | 1 |

# Baureihe 02

Als Zugeständnis an die Verfechter des Verbundprinzips entstanden neben der Baureihe 01 gleichartige Maschinen mit doppelter Dampfdehnung. Diesen spendierte Bauartdezernent Wagner sein Lieblingsprojekt, den Langrohrkessel, womit bewiesen ist, dass die Loks nicht nur als Alibi dienen sollten. Wegen konstruktiver Mängel konnten sie die grundsätzlichen Vorteile der Bauart nicht ausspielen. Wichtiger war aber, dass der Wartungsaufwand in keinem wirtschaftlichen Verhältnis zu den etwas höheren Leistungen der Maschinen stand. Bis 1942 baute die DR die 02 in 01 um.

| | |
|---|---|
| Bauart: | 2'C1'h4v |
| Baujahre: | 1925–1926 |
| Leistung: | 1680 kW |
| Länge über Puffer: | 23.750 mm |
| Dienstmasse: | 113,5 t |
| Stückzahl: | 10 |

# Baureihe 03.10 Reko DR

| Bauart: | 2'C1'h3 |
|---|---|
| Baujahr: | 1959 |
| Leistung: | 1500 kW |
| Länge über Puffer: | 23.905 mm |
| Dienstmasse: | 104 t |
| Stückzahl: | 16 |

Ein Teil der in der DDR verbliebenen 03.10 erhielt statt eines Neubaukessels alter Bauart einen vollständig geschweißten Hochleistungskessel mit Verbrennungskammer. Vom Bw Stralsund aus schleppten sie Schnellzüge nach Berlin sowie die internationalen Reisezüge zur Fährlinie Sassnitz–Trelleborg. Ab 1965 rüstete das Raw Meiningen 15 Maschinen auf die Ölhauptfeuerung um. Sie gehörten zu den leistungsfähigsten Schnellzuglokomotiven der DR. 1980 stellte die Reichsbahn ihre letzte Reko-03.10 ab.

# 05 001/002

In den dreißiger Jahren musste sich die Dampflok wachsender Konkurrenz schneller Dieseltriebzüge erwehren. Die Industrie wollte
daher eine Schnellfahrlok entwickeln. Für Versuchsfahrten vor
neuen Reisezugwagen übernahm die Reichsbahn zwei Loks in
Stromlinienform. Mit 200,4 km/h erzielte die 05 002 am 11. Mai
1936 einen Weltrekord für Dampfloks. Ab Mai gleichen Jahres
fuhren beide Loks im Fernschnellverkehr. Ihrer Verkleidung be-
raubt, arbeiteten sie nach 1945 in gleichen Diensten. 1958 musterte die Bundesbahn die Maschinen aus.

| | |
|---|---|
| Bauart: | 2'C2'h3 |
| Baujahr: | 1935 |
| Leistung: | 1725 kW |
| Länge über Puffer: | 26.265 mm |
| Dienstmasse: | 129,9 t |
| Stückzahl: | 2 |

# 06 001/002

| Bauart: | 2'D2'h3 |
|---|---|
| Baujahr: | 1939 |
| Leistung: | 2043 kW |
| Länge über Puffer: | 26.520 mm |
| Dienstmasse: | 141,8 t |
| Stückzahl: | 2 |

Bereits 1934 gab die Reichsbahn bei Krupp die Baumuster einer vierfach gekuppelten Schnellzuglok in Auftrag. Als Krupp endlich lieferte, hatte die Bahn bereits das Interesse an der Maschine verloren. Sie erhielten den Kessel der 45, der auch in der Schnellzuglok nicht überzeugen konnte. Während des Krieges schleppten die Loks vornehmlich D-Züge von Frankfurt nach Erfurt Würzburg, fielen aber häufig wegen Kesselschäden Bundesbahn arbeitete die Loks nicht auf, sondern m 1951 aus.

# 10 001

| Bauart: | 2'C1'h3 |
|---|---|
| Baujahr: | 1956 |
| Leistung: | 1825 kW |
| Länge über Puffer: | 26.503 mm |
| Dienstmasse: | 118,9 t |
| Stückzahl: | 1 |

Im ursprünglichen Plan sollte die Baureihe 10 die 01.10 und 03.10 ersetzen und beispielsweise 300 t schwere Züge in der Ebene mit 140 km/h befördern. Als die Baumuster bereitstanden, hatte der Traktionswandel längst eingesetzt. Die 10 001 besaß eine Rostfeuerung mit Ölzusatzfeuerung zur Entlastung des Heizers bei Höchstbeanspruchung. 1959 baute die DB sie auf Ölhauptfeuerung um. Vergleichsweise störanfällig und von der DB gering geschätzt, war der Lok kein langes Leben beschert. 1968 musterte die Bundesbahn sie aus. 1976 gelangte sie zum Museum in Neuenmarkt-Wirsberg.

# Baureihe 13.0 (pr. S 3)

Um 1900 bewältigten die Maschinen der Baureihe 13.0 den Großteil des Schnellzugdienstes in Preußen. Ihre Konstruktion basierte auf einer von August von Borries entwickelten Versuchslokomotive der Direktion Hannover. Im Laufe der Jahre mussten die Maschinen nur jene Bauartänderungen über sich ergehen lassen, die auch für andere Baureihen angeordnet wurden. Dies spricht, ebenso wie die große Verbreitung, für die Güte dieser Konstruktion. Mit dem Aufkommen der Heißdampflokomotiven sank jedoch der Stern der 13.0.

| Bauart: | 2'Bn2v |
|---|---|
| Baujahre: | 1893–1904 |
| Länge über Puffer: | 17.561 mm |
| Dienstmasse: | 50,5 t |
| Stückzahl: | 1068 |

# Baureihe 13.10 (pr. S 6)

Als letzte und größte zweifach gekuppelte deutsche Schnell-
zuglok stand ab 1906 die preußische 13.10 auf den Gleisen.
Anfangs war sie die wirtschaftlichste Maschine der preußischen
Staatsbahnen, doch krankte die Konstruktion an mangelnder
Laufruhe, die dem schlechten Massenausgleich, aber auch dem
Zwang, eine möglichst leichte Lok zu bauen, geschuldet war.
Nach Ertüchtigung der Strecken für 17 t Achslast konnten die
Maschinen ausreichend verstärkt werden. Die Reichsbahn erhielt
noch 286 Loks, die sie bis 1931 ausmusterte.

| Bauart: | 2'Bh2 |
|---|---|
| Baujahre: | 1906–1913 |
| Leistung: | 675 kW |
| Länge über Puffer: | 18.350 mm |
| Dienstmasse: | 60,6 t |
| Stückzahl: | 584 |

# Baureihe 13.70 (sä. VIII 2)

| Bauart: | 2'Bn2 |
|---|---|
| Baujahre: | 1891–1894 |
| Länge über Puffer: | 16.482/17.957 mm |
| Dienstmasse: | 49,4/48,2 t |
| Stückzahl: | 20 |

1891 beschafften die Sächsischen Staatsbahnen die ersten im eigenen Lande gefertigten 2'B-Maschinen. Sie fuhren bis zur Lieferung der mit Verbundtriebwerk ausgestatteten 13.15 im Schnellzugdienst. Dank der längeren Drehscheiben in Sachsen konnte Hartmann etwas gestrecktere Lokomotiven liefern als die Kollegen in den preußischen Werken. Da die Treibstange zwischen Radstern und Kuppelstange gelagert war, konnte der Zylinder dichter am Rahmen liegen. Die Reichsbahn setzte die zwölf übernommenen Loks in untergeordneten Diensten ein, die letzte 1928.

# Baureihe 14.0 (pr. S 9)

| | |
|---|---|
| **Bauart:** | 2'B1'n4v/2'B1'h4v |
| **Baujahre:** | 1908–1910 |
| **Länge über Puffer:** | 21.860 mm |
| **Dienstmasse:** | 79 t |
| **Stückzahl:** | 99 |

Obwohl etwa zeitgleich die ersten Heißdampfloks in Dienst gestellt wurden, beschafften die preußischen Staatsbahnen ab 1907 eine weitere Nassdampfmaschine. Hanomag entwickelte eine Maschine mit der größten Rostfläche aller preußischen Bauarten. Ab 1913/14 bauten die Staatsbahnen zwei Lokomotiven auf Heißdampf um. Technisch überzeugten sie. Die Reichsbahn übernahm die beiden Heiß- und einen Nassdampfer, musterte sie aber 1926 aus.

# Baureihe 17.0 (pr. S 10)

Mit dem Kessel der 38.10 stand den preußischen Staatsbahnen ein vorzüglicher Dampfspender zur Verfügung. Als sie eine leistungsfähigere Schnellzuglok benötigten, lag es also nahe, ihn auf ein geeignetes Fahrwerk zu setzen. Der erste Versuch ging aber schief. Das Triebwerk hielt nichts von preußischer Sparsamkeit und fraß Unmengen Kohle und Wasser. Bis 1935 musterte die Reichsbahn daher das Gros der Maschinen aus.

| | |
|---|---|
| Bauart: | 2'Ch4 |
| Baujahre: | 1910–1914 |
| Leistung: | 854 kW |
| Länge über Puffer: | 20.750 mm |
| Dienstmasse: | 77,2 t |
| Stückzahl: | 202 |

# Baureihe 17.7 (sä. XII H V)

Als wirtschaftlichster und leistungsfähigster Typ stellte sich im sächsischen Lokwettstreit der Vierling mit doppelter Dampfentspannung heraus. Das Triebwerk war zwar wartungsaufwändiger als bei Maschinen mit einfacher Dampfdehnung, die Verantwortlichen der Staatsbahnen sahen darin aber kein Problem. Die Loks arbeiteten im Schnell-, Personen- und Eilzugdienst auf Hauptbahnen, waren aber auch vor Eilgüterzügen und auf Nebenbahnen anzutreffen. Die Reichsbahn schickte die letzte Maschine 1938 auf das Altenteil.

| | |
|---|---|
| Bauart: | 2'Ch4v |
| Baujahre: | 1908–1914 |
| Länge über Puffer: | 20.780 mm |
| Dienstmasse: | 78,3 t |
| Stückzahl: | 42 |

# Baureihe 17.10
# (pr. S 10.1 Bauart 1911)

| Bauart: | 2'Ch4v |
|---|---|
| Baujahre: | 1911–1914 |
| Leistung: | 1095 kW |
| Länge über Puffer: | 20.910 mm |
| Dienstmasse: | 83,1 t |
| Stückzahl: | 145 |

Noch während die Arbeiten an der Optimierung der S 10 liefen, gab das Ministerium der öffentlichen Arbeiten bei Henschel eine Verbundvariante in Auftrag. Zwischen der Genehmigung des Entwurfs und der Fertigstellung der ersten Maschine lagen gerade einmal sechs Monate. Sie erwies sich als die leistungsfähigste und wirtschaftlichste Schnellzuglok der preußischen Staatsbahnen und unterbot im spezifischen Dampf- und Kohleverbrauch sogar die 38.10. Eine überarbeitete Bauart stellten die Staatsbahnen ab 1914 in Dienst, die übergangslos nach der 17.10 eingeordnet wurde.

# Baureihe 18.0 (sä. XVIII H)

| Bauart: | 2'C1'h3 |
| --- | --- |
| Baujahre: | 1917–1918 |
| Leistung: | 1250 kW |
| Länge über Puffer: | 22.150 mm |
| Dienstmasse: | 93,5 t |
| Stückzahl: | 10 |

1915 untersuchten die Sächsischen Staatsbahnen eine 18.4. Deren Konzept überzeugte, sodass die SMF eine ähnliche Konstruktion entwickeln sollte. Die Pazifiks vereinigten süddeutsche Errungenschaften wie den großen Kessel mit breiter Feuerbüchse mit norddeutschen Entwicklungen wie der großen Überhitzerheizfläche und den Blechrahmen mit angeschuhtem Barrenrahmen. Sie schleppten 550 t in der Ebene mit 100 km/h und 400 t in 10 ‰ Steigung mit 50 km/h, verbrauchten aber etwas mehr Kohle als vergleichbare Verbundloks. Erst 1966 musterte die Reichsbahn die Loks aus.

# 18 201 (02 0201)

Um Reisezugwagen für den Export mit 160 km/h Höchstgeschwindigkeit erproben zu können, benötigte die Reichsbahn
eine geeignete Lok. Sie entstand aus dem Fahrwerk der 61 002,
den Außenzylindern der Versuchslok H 45 024 und dem für die
03.10 genutzten Rekokessel. 1964 erreichte sie auf dem CSD-
Versuchsring in Prag-Velim 176 km/h Höchstgeschwindigkeit.
Neben den Versuchsfahrten bewältigte die Maschine anspruchs-
volle Planfahrten. Um 1980 herum wechselte die Lok in den
Traditionsbestand der DR.

| Bauart: | 2'C1'h3 |
|---|---|
| Baujahr: | 1961 |
| Leistung: | 1160 kW |
| Länge über Puffer: | 25.145 mm |
| Dienstmasse: | 113,6 t |
| Stückzahl: | 1 |

# Baureihe 18.4 (bay. S 3/6)

In zehn Losen erhielten die Bayerischen Staatseisenbahnen eine Schnellzuglok, die zu den elegantesten Maschinen auf deutschen Gleisen zählte. Sie erwies sich als hoch leistungsfähig, laufruhig und – sieht man vom aufwändigen Triebwerk ab – wirtschaftlich. Als Weiterentwicklung der 18.2 entstand sie bei Maffei. Während des langen Beschaffungszeitraumes erfuhren die Loks einige technische Änderungen. 18 Maschinen einer Zwischenserie verfügten über Kuppelräder mit 2000 statt 1800 mm Duchmesser. Bis 1960 musterte die DB die nicht modernisierten 18.4 aus.

| | |
|---|---|
| Bauart: | 2'C1'h4v |
| Baujahre: | 1908–1931 |
| Leistung: | 1292–1336 kW |
| Länge über Puffer: | 21.221–22.862 mm |
| Dienstmasse: | 88,3–96,2 t |
| Stückzahl: | 159 |

| Bauart: | 1'C1'h2 |
|---|---|
| Baujahre: | 1950–1959 |
| Leistung: | 1303 kW |
| Länge über Puffer: | 21.325 mm |
| Dienstmasse: | 82,8 t |
| Stückzahl: | 105 |

Anfang der fünfziger Jahre musste die Bundesbahn die 38.10 ersetzen. Geeignete Dieselloks waren noch Zukunftsmusik, weshalb eine Dampflok entwickelt wurde. Der Hochleistungs-kessel mit Verbrennungskammer, weitgehend geschweißte Bau-gruppen, Rollenlager für Achsen und Stangen sowie ein für hohe Rückwärtsgeschwindigkeiten geeignetes Laufwerk zeigten den gewaltigen Fortschritt der Dampfloktechnik. Die letzte 23 über-dauerte die letzte 38.10 um gerade ein Jahr.

# Baureihe 24

| | |
|---|---|
| **Bauart:** | 1'Ch2 |
| **Baujahre:** | 1928–1940 |
| **Leistung:** | 675 kW |
| **Länge über Puffer:** | 16.995 mm |
| **Dienstmasse:** | 57,4 t |
| **Stückzahl:** | 93 |

Da bei der Reichsbahn die Entwicklung von Hauptbahnloks vordringlicher schien, gehörte zum ersten Typenplan keine Nebenbahnlok. Schnell stellte sich aber heraus, dass sie um weitere Baureihen nicht herumkam. Zusammen mit der 24 konzipierte man die 64, mit der die 24 eine Reihe Komponenten teilt. Vor allem auf langen Nebenbahnen konnte sie unter anderem des großen Tenders wegen ihre Qualitäten zeigen. Obwohl sie als Flachlandlok gedacht war, bewährte sie sich hervoragend im Hügelland. Die Bundesbahn strich die letzte Lok 1966, die Reichsbahn 1968 aus dem Bestand.

# Baureihe 35.10 (23.10)

Auch die Reichsbahn der DDR entwickelte eine Ersatzlok für die 38.10 und entschied sich für das mit den 23 001/002 verwirklichte Antriebskonzept. Eine Vielzahl der Bauteile war mit der zeitgleich konzipierten 50.40 tauschbar. Nach den Untersuchungen der beiden Baumuster brauchten nur wenige Details geändert zu werden. Die 35.10 fuhren nicht nur im Personen-, sondern auch im Schnellzugdienst und schickten unter anderem die Cottbuser 17.10 mit Kohlenstaubfeuerung in Rente. Des fortgeschrittenen Traktionswandels wegen schieden die 35.10 bis 1981 aus.

| | |
|---|---|
| **Bauart:** | 1'C1'h2 |
| **Baujahre:** | 1957–1959 |
| **Leistung:** | 1250 kW |
| **Länge über Puffer:** | 22.660 mm |
| **Dienstmasse:** | 87,2 t |
| **Stückzahl:** | 113 |

# Baureihe 38.10 (pr. P 8)

Die 38.10 wird gern als erste Europa-Lok bezeichnet, fuhr sie doch in zahlreichen Staaten. Dies war vor allem auf die Reparationslieferungen nach dem Ersten Weltkrieg und auf nach dem Zweiten Weltkrieg in okkupierten Staaten verbliebene Loks zurückzuführen. Doch wurde die P 8 in Rumänien und Polen auch nachgebaut. Die Maschine war solide konstruiert, genügsam und wartungsfreundlich, verkörperte sozusagen die guten Tugenden Preußens. In der DDR hielt sie sich bis 1972, in der Bundesrepublik bis Ende 1974.

| | |
|---|---|
| Bauart: | 2'Ch2 |
| Baujahre: | 1906 – 1938 |
| Leistung: | 862 kW |
| Länge über Puffer: | 18.590 mm |
| Dienstmasse: | 78,2 t |
| Stückzahl: | 3948 |

| Bauart: | 1'D1'h2 |
| --- | --- |
| Baujahre: | 1936–1941 |
| Leistung: | 1390 kW |
| Länge über Puffer: | 23.905 mm |
| Dienstmasse: | 101,9 t |
| Stückzahl: | 366 |

Die Reichsbahn konzipierte eine moderne Mehrzwecklok als Ersatz der 56.20. Um auch auf Strecken mit eher schwachem Oberbau fahren zu können, entstand eine Lok mit vier angetriebenen Achsen und 18 t Radsatzlast. Dank des höheren Kesseldrucks von 20 bar und der günstigeren Zylinderabmessungen übertraf die Lok die Leistungen der 03 klar. Leider bestand der Kessel aus nicht alterungsbeständigem Stahl, weshalb der Druck bereits im Jahr 1941 auf 16 bar gesenkt werden musste.

# Baureihe 41 Umbau DB Öl

Neben dem neuen Hochleistungskessel erhielten 40 Maschinen der Baureihe 41 eine Ölhauptfeuerung anstelle der Rostfeuerung. Sie steigerte nochmals die Leistungen der Lok. Allerdings konnte sie diese nicht voll ausfahren, da man die Heißdampftemperaturen senken musste, um zu verhindern, dass der Schmierölfilm im Zylinder verkokte. Bis zum Ende des Dampfzeitalters bei der DB 1977 blieb die als Baureihe 042 bezeichnete ölgefeuerte Variante im Bestand.

| | |
|---|---|
| **Bauart:** | 1'D1'h2 |
| **Baujahre:** | 1957 – 1962 |
| **Leistung:** | 1561 kW |
| **Länge über Puffer:** | 23.905 mm |
| **Dienstmasse:** | 101,3 t |
| **Stückzahl:** | 40 |

# Baureihe 41 Reko DR

| Bauart: | 1'D1'h2 |
|---|---|
| Baujahre: | 1961–1966 |
| Leistung: | 1390 kW |
| Länge über Puffer: | 23.905 mm |
| Dienstmasse: | 103,2 t |
| Stückzahl: | 80 |

Selbstverständlich nahm die Reichsbahn auch die Baureihe 41 in ihr Rekonstruktionsprogramm auf. Die Kessel mussten ohnehin ausgetauscht werden. Zudem ließ sich die Verdampfungsleistung durch den Einbau einer Feuerbüchse mit Verbrennungskammer deutlich verbessern. Dadurch erreichten die Lokomotiven wieder die Leistungsfähigkeit der 41 mit 20 statt 16 bar Kesseldruck und waren auch den Schwestern mit Neubaukessel deutlich überlegen. Wie diese schleppten sie Züge jedweder Kategorie.

# Baureihe 43

| Bauart: | 1'Eh2 |
|---|---|
| Baujahre: | 1927–1928 |
| Leistung: | 1373 kW |
| Länge über Puffer: | 22.615 mm |
| Dienstmasse: | 110,8 t |
| Stückzahl: | 35 |

Zwilling oder Drilling? Diese Frage versuchte die Reichsbahn vor der Beschaffung einer größeren Serie der fünffach gekuppelten Einheitsgüterzuglok zu klären. Interessanterweise setzte sich zunächst die genügsame, einfach zu wartende Zweizylinder- variante durch, die mit 10 Prozent den besten Wirkungsgrad aller Maschinen des ersten Typenprogramms aufwies. Dann fiel aber doch die Entscheidung für die Dreizylinderlok, die Baureihe 44, die der 43 bei Leistungen ab knapp 1100 kW überlegen war. Sämtliche Loks gelangten in den Bestand der Reichsbahn, die sie bis 1968 ausmusterte.

# Baureihe 44 Öl DB

In den fünfziger Jahren ließ die DB zunächst zehn Maschinen der Baureihe 44 mit neuen Kesseln ausstatten. Fünf Maschinen erhielten eine Stokerfeuerung, die sich nicht bewährte. Die übrigen Loks fuhren mit Mischvorwärmern, die allerdings sehr wartungsfreudig waren. Als sinnvoll erwies sich lediglich die Umrüstung auf Ölhauptfeuerung, durch welche die Leistungen erheblich stiegen. Die ab 1968 als 043 bezeichneten Loks gehörten zu den wirtschaftlichsten Dampfloks der DB, die 1977 ihre letzten Loks abstellte.

| | |
|---|---|
| **Bauart:** | 1'Eh3 |
| **Baujahr:** | 1950 |
| **Leistung:** | 1535 kW |
| **Länge über Puffer:** | 22.620 mm |
| **Dienstmasse:** | 109,6 t |
| **Stückzahl:** | 33 |

# Baureihe 45

Zur Ergänzung der Baureihe 44 beschaffte die Reichsbahn eine Hochleistungslok mit Wagnerschem Langrohrkessel. Dieser erwies sich als eher verdampfungsschwach, sodass die Loks die Vorzüge ihres exzellenten Triebwerks nicht ausnutzen konnten. Dank ihrer sehr guten Laufruhe konnten die 90 km/h schnellen Loks im Hügelland die Baureihe 01 im Schnellzugdienst vertreten. Ihre Domäne blieben aber der schwere Güterzugdienst und der Eilgüterzugdienst. Die DB rüstete einige der übernommenen Maschinen mit Neubaukesseln aus.

| Bauart: | 1'E1'h3 |
|---|---|
| Baujahre: | 1936–1941 |
| Leistung: | 2000 kW |
| Länge über Puffer: | 25.645 mm |
| Dienstmasse: | 128,4 t |
| Stückzahl: | 28 |

| Bauart: | 1'Eh2 |
|---|---|
| Baujahre: | 1939–1948 |
| Leistung: | 1186 kW |
| Länge über Puffer: | 22.940 mm |
| Dienstmasse: | 88,1 t |
| Stückzahl: | 3164 |

Die im Einheitsprogramm beschafften leistungsfähigen Güterzugloks konnten wegen ihrer hohen Achslast nur auf Hauptbahnen
verkehren. Deswegen gab das Verkehrsministerium 1937 eine einfach gebaute, pflegeleichte Güterzuglok mit 16 t Radsatzmasse
in Auftrag. Mit der Baureihe 50 gelang den Entwicklern ein großer
Wurf. Die Lok überzeugte in allen Bereichen. Nach Kriegsbeginn
wurde sie zunächst weitergebaut, wenn auch schrittweise vereinfacht. Die Produktion mündete schließlich in die Kriegslok der
Baureihe 52.

# Baureihe 52

| Bauart: | 1'Eh2 |
|---|---|
| Baujahre: | 1942 |
| Leistung: | 1182 kW |
| Länge über Puffer: | 22.830 mm |
| Dienstmasse: | 84 t |
| Stückzahl: | ca. 6151 |

Nur wenige Jahre sollte die Baureihe 52 fahren. Dann glaubten die Diktatoren, den Zweiten Weltkrieg gewonnen zu haben und die Loks wurden ersetzt. Deren Konstruktion basierte auf der 50, die seit Kriegsbeginn in immer stärker vereinfachter Form entstand. Bei der 52 entfielen weitere Ausrüstungsteile oder wurden vereinfacht. Wie viele Loks genau die Fabriken verließen, ist nicht bekannt. Die Bundesbahn musterte ihre Erbstücke bis 1963 aus.

# Baureihe 52.80

Da der Neubaukessel der 50.35 sich auch für die benötigte 52 eignete, entschied die Reichsbahn, die Kriegslok in das Rekopro-
gramm aufzunehmen. Leistungsfähig und genügsam schleppten
die Loks Güterzüge in Ostsachsen, der Altmark, Brandenburg,
Anhalt und Thüringen. Sie gehörten zu den letzten Dampfloks
und fuhren sogar 1989 noch im Plandienst.

| Bauart: | 1'Eh2 |
|---|---|
| Baujahre: | 1960 – 1967 |
| Leistung: | 1170 kW |
| Länge über Puffer: | 22.975 mm |
| Dienstmasse: | 84,4 t |
| Stückzahl: | 200 |

# Baureihe 56.1 (pr. G 8.3)

| Bauart: | 1'Dh3 |
|---|---|
| Baujahre: | 1919–1920 |
| Leistung: | 905 kW |
| Länge über Puffer: | 16.995 mm |
| Dienstmasse: | 84,3 t |
| Stückzahl: | 85 |

Durch die Installation eines Vorlaufradsatzes konnte man einen größeren Kessel einbauen, ohne die Achslast von 17 t zu überschreiten. Um die Bauart zu erhalten, kürzte man einfach den Entwurf der 58.10 um einen Kuppelradsatz. Die Leistungen der Lok vermochten aber nicht gerade zu überzeugen, weshalb nur vergleichsweise wenige Exemplare entstanden. Im Westen erhielt die OHE nach 1945 fünf Loks, die sie auf 1'Dh2 umbaute. Die Reichsbahn setzte ihre 56.1 bis 1967 ein.

# Baureihe 58.0 (pr. G 12.1)

In den ersten 15 Jahren des 20. Jahrhunderts wuchsen die Massen der Güterzüge deutlich. In Steigungen auf Hauptbahnen erwiesen sich die vorhandenen Loks als überfordert. Die preußischen Staatsbahnen entwickelten daher eine leistungsstarke Maschine mit 85 t Reibungsmasse. Sie erhielt ein Drillingstriebwerk, da man bei einem Zwilling zu hohe Lager- und Zapfendrücke befürchtete. Die mit den Maschinen gesammelten Erfahrungen mündeten in die 58.10. Die letzte Lok verschwand erst 1957 aus den Büchern der Reichsbahn.

| | |
|---|---|
| **Bauart:** | 1'Eh3 |
| **Baujahre:** | 1915–1917 |
| **Leistung:** | 1195 kW |
| **Länge über Puffer:** | 20.340 mm |
| **Dienstmasse:** | 98,8 t |
| **Stückzahl:** | 21 |

# 61 002

| Bauart: | 2'C3'h3t |
|---|---|
| Baujahr: | 1939 |
| Leistung: | 1058 kW |
| Länge über Puffer: | 18.825 mm |
| Dienstmasse: | 146,29 t |
| Stückzahl: | 1 |

Für das Projekt eines stromlinienförmig verkleideten Zuges von Wegmann fertigte Henschel zwei Tenderloks. Die zweite Lok erhielt ein dreiachsiges Nachlaufgestell, weil man nach den Erfahrungen mit der 61 001 die Vorräte vergrößert hatte. Nach 1945 schleppte die Lok für kurze Zeit Sonderzüge und den Sonderwagen des Verkehrsministers, ehe sie in die 18 201 umgebaut wurde.

# Baureihe 62

Wirklich Bedarf schien für die Tenderlok nicht zu bestehen. Jedenfalls ließ sich die Reichsbahn sehr lange Zeit mit ihrer Beschaffung. Technisch gehörte die Lok zu den besten Maschinen der Einheitsbaureihen. Ihr Gesamtwirkungsgrad überzeugte ebenso wie ihre Laufkultur und die Leistung. Zahlreiche Teile sollten mit der Baureihe 20 tauschbar sein, die aber nie entstand. Die Reichsbahn erbte acht, die Bundesbahn sieben Loks. Letztere pflegte die Loks kaum und ließ sie 1956 einschmelzen. Bei der Reichsbahn fuhr die 62 bis in die siebziger Jahre hinein. Eine Lok blieb erhalten.

| Bauart: | 2'C3'h2t |
|---|---|
| Baujahre: | 1928–1932 |
| Leistung: | 1226 kW |
| Länge über Puffer: | 17.140 mm |
| Dienstmasse: | 123,6 t |
| Stückzahl: | 15 |

# Baureihe 64

Die Tenderlok ist technisch eng mit der 24 sowie der 86 verwandt. Viele Bauteile entstammten zudem den für 17,5 oder 20 t Achslast konzipierten Maschinen. Dank des symmetrischen Triebwerks erreichte die Lok in beide Fahrtrichtungen 90 km/h Höchstgeschwindigkeit, konnte also auch auf Hauptbahnen übergehen. Statt Krauss-Helmholtz- erhielten die meisten Loks Bisselgestelle, was die Laufkultur beeinträchtigte. Eine Reihe von Bauartänderungen während der Fertigung hatte nur geringen Einfluss auf die Einsätze. Die Reichsbahn musterte die Lok bis 1974, die Bundesbahn bis 1971 aus.

| | |
|---|---|
| **Bauart:** | 1'C1'h2t |
| **Baujahre:** | 1928–1940 |
| **Leistung:** | 693 kW |
| **Länge über Puffer:** | 12.500 mm |
| **Dienstmasse:** | 74,9/75,2 t |
| **Stückzahl:** | 520 |

| Bauart: | 1'D2'h2t |
|---|---|
| Baujahre: | 1951–1956 |
| Leistung: | 1080 kW |
| Länge über Puffer: | 15.475 mm |
| Dienstmasse: | 107,6 t |
| Stückzahl: | 18 |

Als Ersatz für die Baureihen 78.0 und 93 wollte die Bundesbahn anfangs vierfach gekuppelte Tenderloks in Dienst stellen. Mit 17,5 t Achsfahrmasse konnte die Lok aber nicht auf allen Nebenbahnen fahren. Für den Güterzugdienst reichten die Vorräte nicht immer aus. Da zudem bald Dieselloks der Leistungsklasse bereitstanden, stellte die Bundesbahn nur wenige der im Bereich zwischen 50 und 85 km/h laufunruhigen Maschinen in Dienst. Gut 20 Jahre hielt sich die Lok im Plandienst, dann war ihre Zeit vorüber.

# Baureihe 65.10

| Bauart: | 1'D2'h2t |
|---|---|
| Baujahre: | 1954–1957 |
| Leistung: | 980 kW |
| Länge über Puffer: | 17.500 mm |
| Dienstmasse: | 121,7 t |
| Stückzahl: | 88 |

Sehr viel besser gelungen als die 65 der DB war ihr DDR-Pendant. Die für die Feuerung mit Braunkohlebriketts konzipierte Lok verfügte über ausreichend Vorräte für lange Einsätze. Der Kessel erwies sich als verdampfungsfreudig. Die Laufkultur der Lok vermochte zu überzeugen. Die 65 1004 fuhr zwischen 1956 und 1961 versuchsweise mit einer Braunkohlenstaubfeuerung. Ab 1966 stattete die Reichsbahn alle Loks mit dem Giesl-Flachejektor aus, sodass die Verbrauchswerte erneut sanken. Die letzten Loks verschwanden 1982 aus den Büchern.

# Baureihe 66

Nur zwei Loks stellte die DB von der wohl gelungensten Nachkriegskonstruktion in Dienst. Für den leichten Personenzugdienst auf Haupt- und Nebenbahnen sowie den Eilgüterzugdienst waren die mit geschweißtem Hochleistungskessel mit Verbrennungskammer ausgerüsteten Loks bestens geeignet. Die Zeiten waren aber über die Dampftraktion hinweggegangen. 1967 rollte die 66001 auf das Abstellgleis, im Folgejahr die Schwester.

| Bauart: | 1'C2'h2t |
|---|---|
| Baujahr: | 1955 |
| Leistung: | 854 kW |
| Länge über Puffer: | 14.798 mm |
| Dienstmasse: | 93,9 t |
| Stückzahl: | 2 |

# Baureihe 74.0 (pr. T 11)

Für die von Hanau ausgehenden Strecken nach Frankfurt und Friedberg gab die KED Frankfurt dreifach gekuppelte Loks in Auftrag, nachdem die B-Kuppler mit den wachsenden Zuglasten überfordert waren. Die Neubaumaschinen entstanden wegen des dringenden Bedarfs als Nassdampfer – die Reichsbahn baute später einige Lokomotiven auf Heißdampf um. Weitere KED bestellten die Lok, die unter anderem in geringer Stückzahl auf der Berliner Stadtbahn fuhr. Die Bundesbahn musterte ihre Erbstücke 1950 aus, die Reichsbahn setzte sie bis 1965 ein.

| | |
|---|---|
| Bauart: | 1'Cn2t |
| Baujahre: | 1903 – 1909 |
| Leistung: | 380 kW |
| Länge über Puffer: | 11.190 mm |
| Dienstmasse: | 62,6 t |
| Stückzahl: | 471 |

| Bauart: | 2'C2'h2t |
|---|---|
| Baujahre: | 1912–1927 |
| Leistung: | 832 kW |
| Länge über Puffer: | 14.800 mm |
| Dienstmasse: | 105 t |
| Stückzahl: | 534 |

Die leistungsfähige, robuste Tenderlok für den Nahverkehr entstand noch zu Zeiten des Lokdezernenten Robert Garbe, wurde aber von seinem Nachfolger, Hinrich Lübken, serienreif gemacht. Anfangs litt die Lok vor allem durch unruhigen Lauf bei Geschwindigkeiten über 60 km/h. Doch gelang es, die Maschine nach der Überarbeitung für Tempo 100 zuzulassen. Auch Württemberg bestellte die für den Schnellzugdienst bestens geeignete Lok. Die Reichsbahn musterte sie bis 1973, die Bundesbahn bis 1975 aus.

# Baureihe 82

| Bauart: | Eh2t |
|---|---|
| Baujahre: | 1950–1955 |
| Leistung: | 942 kW |
| Länge über Puffer: | 14.060 mm |
| Dienstmasse: | 91,8 t |
| Stückzahl: | 41 |

Schon die Reichsbahn plante die Beschaffung einer fünffach gekuppelten Rangierlok für schwere Güterzüge. Die Bundesbahn nahm sie in ihr Typenprogramm auf. Die 82 war die erste Neubaudampflok der DB und bewies, dass Friedrich Wittes Hochleistungskessel mit Verbrennungskammer die versprochenen Leistungen erbrachte. Bei den Zylindern musste man einen Kompromiss zwischen den Einsätzen im Rangier- und Streckendienst schließen. Die 82 war der 94.5 von den Leistungen her überlegen, fraß aber sehr viel Kohle. Schon 1972 musterte die Bundesbahn die letzte Lok aus.

# Baureihe 85

Für den Einsatz auf der Höllentalbahn, zuvor eine Zahnradstrecke, entstand eine fünffach gekuppelte Tenderlok, die ein Drillingstriebwerk erhielt, um die Zugkräfte gleichmäßiger zu übertragen und das Anfahren zu erleichtern. Triebwerk und Fahrwerk entstammten der 44, der Kessel der 62. Die Loks schleppten in der Ebene 1970 t mit 50 km/h und in 25 ‰ Steigung 380 t mit 25 km/h. Ihr gesamtes Leben verbrachten die 1961 ausgemusterten 85er im Höllental.

| Bauart: | 1'E1'h3t |
| --- | --- |
| Baujahre: | 1932–1933 |
| Leistung: | 1095 kW |
| Länge über Puffer: | 16.300 mm |
| Dienstmasse: | 133,6 t |
| Stückzahl: | 10 |

# Baureihe 86

Die Tenderlok mit 15 t Radsatzlast ist eng mit den Baureihen 24 und 64 verwandt. Sie beförderte Personenzüge und gemischte Züge auf Strecken mit größeren Steigungen sowie schwere Güterzüge auf kaum geneigten Bahnen. Mit 70 km/h Höchstgeschwindigkeit war sie die klassische Nebenbahnlok. Die 86 gehört zu den Einheitsloks mit der längsten Beschaffungszeit. Im Krieg wurden beim Bau alle nicht unbedingt notwendigen Teile weggelassen. Die Bundesbahn musterte die Loks Anfang bis Mitte der siebziger Jahre aus, die Reichsbahn 1987.

| | |
|---|---|
| **Bauart:** | 1'D1'h2t |
| **Baujahre:** | 1928–1943 |
| **Leistung:** | 752 kW |
| **Länge über Puffer:** | 13.820 mm |
| **Dienstmasse:** | 88,5 t |
| **Stückzahl:** | 774 |

# Baureihe 90.0 (pr. T 9.1)

| Bauart: | C1'n2t |
|---|---|
| Baujahre: | 1892–1902 |
| Leistung: | 328 kW |
| Länge über Puffer: | 11.320 mm |
| Dienstmasse: | 54,5 t |
| Stückzahl: | 408 |

350 t schleppte die Tenderlok mit der weit nach hinten versetzten Adams-Achse mit 60 km/h in der Ebene, sogar 355 t mit 30 km/h in der 10-‰-Steigung. Leistungsfähig und genügsam erfüllte die Maschine die Anforderungen. Lediglich die Nachlaufachse bereitete Kopfzerbrechen, neigte sie doch in Brechpunkten zum Entgleisen. Bei der Umnummerierung 1925 gruppierte die Reichsbahn auch einige Loks in die Baureihe 90.0 ein, die keine T 9.1 waren. Die letzte Lok rollte 1953 in Halle auf das Abstellgleis.

# Baureihe 95 (pr. T 20)

| | |
|---|---|
| **Bauart:** | 1'E1'h2t |
| **Baujahre:** | 1922 – 1924 |
| **Leistung:** | 1182 kW |
| **Länge über Puffer:** | 15.100 mm |
| **Dienstmasse:** | 127,4 t |
| **Stückzahl:** | 45 |

Nachdem die HBE mit 1'E1'-Lokomotiven bewiesen hatte, dass auch auf 60-‰-Rampen der Reibungsbetrieb möglich war, orderten die preußischen Staatsbahnen ähnliche Maschinen, die zu Reichsbahn-Zeiten geliefert wurden. Die Loks dienten wegen ihrer hohen Achslast als Zug- und Schiebeloks auf den Steilrampen des Mittelgebirges. Die Bundesbahn setzte sie bis 1958, die Reichsbahn bis 1980 ein.

# Baureihe 98.75 (bay. D VI)

In erster Linie für Flachlandstrecken mit 12 t maximaler Achslast vorgesehen waren kleine B-Kuppler, die bei Krauss und Maffei entstanden. Sie waren genügsam und anspruchslos in der Instandhaltung. Einige Maschinen wechselten in den zwanziger Jahren in die Pfalz. Dort schleppten sie Züge über die Schiffsbrücken bei Maxau und Speyer. Dafür trugen sie hölzerne Pufferteller mit 50 cm Durchmesser, um ein Verhaken mit dem Wagen beim Befahren der Pontons zu vermeiden. Die Reichsbahn musterte sie kurz nach der Umnummerierung aus.

| Bauart: | Bn2t |
|---|---|
| Baujahre: | 1880–1894 |
| Länge über Puffer: | 6860/6910 mm |
| Dienstmasse: | 18,5/19,6 t |
| Stückzahl: | 53 |

# G 1000 BB

| Bauart: | B'B'dh |
|---|---|
| Baujahre: | ab 2002 |
| Leistung: | 1100 kW |
| Länge über Puffer: | 14.130 mm |
| Dienstmasse: | 72–80 t |

Für den Rangierdienst, aber auch für den leichten Einsatz auf der Strecke konzipierte Vossloh eine Güterzuglok mittlerer Leistungsklasse. Ihre Technik basiert auf dem Plattformkonzept, das Vossloh für sein Standard-Diesellokprogramm verfolgt. Daher können sich die Bahnen auf niedrige Lebenszykluskosten einstellen. Besonderen Wert legte Vossloh auf geringe Abgas- und Lärmemissionen. Einer der ersten Besteller der G 1000 BB war Connex, weshalb sich die Lok auf der Berliner Fachmesse Innotrans im Connex-Lack präsentierte.

# Baureihe 201 (V 100, 110 DR)

Um die Lücke zwischen den Baureihen 346 und 228 zu schließen, ließ die Reichsbahn bei LOB eine einmotorige Drehgestelllok für den Dienst auf Haupt- und Nebenbahnen entwickeln. Den Serienbau übernahm LEW. Die Lokomotiven erwiesen sich als robust und leistungsfähig, sodass in der Folgezeit eine Vielzahl Varianten entstand, die zum Teil eigene Baureihenbezeichnungen erhielten. Doch auch ohne die Varianten kann niemand der 201 den Rang als meistgebaute deutsche Diesellokomotive streitig machen.

| | |
|---|---|
| Bauart: | B'B'dh |
| Baujahre: | 1964–1978 |
| Leistung: | 662/736 kW |
| Länge über Puffer: | 14.240 mm |
| Dienstmasse: | 63,7/60 t |
| Stückzahl: | 877 |

# Baureihe 211 (V 100.10 DB)

| Bauart: | B'B'dh |
|---|---|
| Baujahre: | 1958–1964 |
| Leistung: | 810 kW |
| Länge über Puffer: | 12.100 mm |
| Dienstmasse: | 62 t |
| Stückzahl: | 364 |

Für den leichten Dienst auf Haupt- und Nebenbahnen beschaffte die Bundesbahn eine robuste, einmotorige Drehgestelllok mit geringer Radsatzlast und Einmannbedienung. Sie löste die Dampf-lokbaureihen 38, 57, 64 und 86 ab, sodass der Betrieb wirtschaft-licher wurde. Das Nebenbahnsterben konnte die 211 aber nur verzögern. Da ihr Einsatzbereich immer kleiner wurde, begann die Bundesbahn 1982 mit der Ausmusterung. Trotzdem über-dauerten die letzten 211 bis zur Jahrtausendwende. Eine Reihe Lokomotiven wechselten unter anderem zu Privatbahnen.

# Baureihe 214/714 (V 100.20 DB)

Als 1991 die Neubaustrecken in Betrieb gingen, stationierte die Bundesbahn an zentralen Orten Tunnelrettungszüge. Diese bestanden aus je einem Geräte-, Lösch-, Sanitäts- und Transportwagen sowie umgebauten Lokomotiven der Baureihe 212 an beiden Enden. Die Lokomotiven verfügen über Zusatzscheinwerfer, Warnblinklicht und lassen sich von einer Warte in den Wagen fernsteuern. Der Transportwagen lässt sich vom Zug trennen, um Gerettete ans Tageslicht zu befördern. Später als Bahndienstloks eingereiht, erhielten die Fahrzeuge die Bezeichnung 714.

| Bauart: | B'B'dh |
|---|---|
| Baujahre: | 1989–1991 |
| Leistung: | 993 kW |
| Länge über Puffer: | 12.300 mm |
| Dienstmasse: | 63 t |
| Stückzahl: | 13 |

# Baureihe 215/225

Da die elektrische Zugheizung noch nicht serienreif war, entschied die Bundesbahn Mitte der sechziger Jahre, eine weitere Diesellokbaureihe mit Dampfheizung in Dienst zu stellen. Die Maschinen waren für den Austausch des Heizaggregates vorbereitet. Dieser wurde dann aus Kostengründen bei nur einer Maschine vollzogen. Nach Abstellung der letzten dampfbeheizten Reisezugwagen schleppten die Loks Güter- und Autozüge nach Westerland. Die ersten zehn und letzten 20 Lokomotiven erhielten ab Werk leistungsstärkere Dieselmotoren der Baureihe 218.

| | |
|---|---|
| **Bauart:** | B'B'dh |
| **Baujahre:** | 1968 – 1971 |
| **Leistung:** | 1400/1840 kW |
| **Länge über Puffer:** | 16.400 mm |
| **Dienstmasse:** | 77,5/79 t |
| **Stückzahl:** | 150 |

# Baureihe 218

Ende der sechziger Jahre konnte die Bundesbahn endlich eine einmotorige Lok mit elektrischer Zugheizung in Dienst stellen. Nachdem sich die Motoren in zwölf Vorserienlokomotiven bewährt hatten, startete die Bundesbahn das größte Diesellokbeschaffungsprogramm ihrer Geschichte. Während der laufenden Lieferungen ließ sich die Leistung der Motoren weiter steigern. Die solide Mittelklasselok schleppt Züge aller Kategorien. Sie zählt zu den zuverlässigsten Triebfahrzeugen der DB und ist heute die Standardstreckenlok von DB Regio.

| Bauart: | B'B'dh |
| --- | --- |
| Baujahre: | 1969–1979 |
| Leistung: | 1840/2000/2060 kW |
| Länge über Puffer: | 16.400 mm |
| Dienstmasse: | 78,7 t |
| Stückzahl: | 411 |

# Baureihe 219 (119 DR)

| | |
|---|---|
| **Bauart:** | C'C'dh |
| **Baujahre:** | 1976–1985 |
| **Leistung:** | 1980 kW |
| **Länge über Puffer:** | 19.500 mm |
| **Dienstmasse:** | 96 t |
| **Stückzahl:** | 200 |

Nach der Aufgabe des eigenen Diesellokbaus betraute die DDR ein rumänisches Werk mit dem Bau von Lokomotiven mit geringerer Achslast. Die Fahrzeuge entstanden nach dem Konzept der Baureihe 228, verfügten aber über eine elektrische Zugheizung statt eines Heizkessels. Die Maschinen erwiesen sich als sehr störanfällig und wurden daher kurz nach der Lieferung im Raw Karl-Marx-Stadt grundlegend saniert. Unter anderem wurde der nach westdeutscher Lizenz gefertigte Traktionsdiesel durch einen robusteren aus heimischer Produktion ersetzt.

# Baureihe 220 (V 200.0 DB)

Um die geforderten Leistungen erbringen zu können, benötigte die Maschine für den Haupt- und Nebenbahndienst zwei Traktionsdiesel. Das trieb den Wartungsaufwand der ansonsten sehr solide konstruierten Lokomotiven in die Höhe. Zudem bekamen sie mit der leistungsstärkeren Baureihe 221 Konkurrenz im eigenen Haus und verloren mit der fortschreitenden Elektrifizierung ihr Einsatzfeld. Mit gut 30 Jahren erreichten sie daher ein nur geringes Lebensalter. Eine Reihe Maschinen wurde verkauft. Die SBB setzten sie als Am 4/4 vor Bauzügen ein.

| | |
|---|---|
| **Bauart:** | B'B'dh |
| **Baujahre:** | 1953–1959 |
| **Leistung:** | 1620 kW |
| **Länge über Puffer:** | 18.470 mm |
| **Dienstmasse:** | 81 t |
| **Stückzahl:** | 86 |

# Baureihe 220 (V 200, 120 DR)

Zu den Lugansker Standarddiesellokomotiven für den Ostblock gehörten die bei der Reichsbahn zunächst als V 200 eingeordneten „Taigatrommeln" oder „Wummen". Es handelte sich um einfach aufgebaute, schwere Maschinen für den Güterverkehr. Fahrpersonal und Werkstätten schätzten die robuste Konstruktion. Geringe Bauartänderungen, wie der Einbau eines Warmhaltungsgerätes für den Kühlkreislauf, waren vor allem den unterschiedlichen Einsatzbedingungen in der Sowjetunion und der DDR geschuldet. Zahlreiche Maschinen fuhren für Privatbahnen.

| | |
|---|---|
| **Bauart:** | Co'Co'de |
| **Baujahre:** | 1966–1975 |
| **Leistung:** | 1470 kW |
| **Länge über Puffer:** | 17.550 mm |
| **Dienstmasse:** | 116 t |
| **Stückzahl:** | 378 |

# Baureihe 229 (119 DR)

| Bauart: | C'C'dh |
|---|---|
| Baujahre: | 1990 – 1992 |
| Leistung: | 1760 kW |
| Länge über Puffer: | 19.500 mm |
| Dienstmasse: | 103 t |
| Stückzahl: | 20 |

Nach der Wiedervereinigung mussten Lokomotiven der Baureihe 219 auch InterRegio und InterCity schleppen. Deren Wagen verschlingen große Mengen Heizenergie, welche eine 219 nicht bereitstellen konnte. Da Doppeltraktionen unwirtschaftlich waren, ließ die Reichsbahn 20 Lokomotiven von Krupp mit deutlich leistungsstärkeren Motoren und einer passenden Zugenergieversorgung ausstatten. Statt 120 erreichten die „Renn-U-Boote" 140 km/h. Relativ schnell verschwanden sie aus dem Bestand, da hochwertige Züge zunehmend elektrisch bespannt wurden.

# Baureihe 232 (132 DR)

1973 war die elektrische Zugheizung endlich so weit ausgereift, dass die Lugansker Lokfabrik sechsachsige Dieselmaschinen für den Reisezugverkehr liefern konnte. Die Baureihe 232 wurde zur Standarddiesellok in der DDR. Robust und solide konstruiert, überzeugte sie Fahr- und Werkstattpersonal gleichermaßen. Die Motoren waren zwar pflegebedürftiger als der Standardmotor aus heimischer Produktion, die Reichsbahner wussten mit der Lok aber bestens umzugehen. Bis heute ist die inzwischen dem Güterverkehr übereignete Lok unersetzbar.

| | |
|---|---|
| **Bauart:** | Co'Co'de |
| **Baujahre:** | 1973–1982 |
| **Leistung:** | 2200 kW |
| **Länge über Puffer:** | 20.820 mm |
| **Dienstmasse:** | 122 t |
| **Stückzahl:** | 709 |

# Baureihe 280 (V 80)

| Bauart: | B'B'dh |
| --- | --- |
| Baujahre: | 1951–1952 |
| Leistung: | 590/736/810 kW |
| Länge über Puffer: | 12.800 mm |
| Dienstmasse: | 58 t |
| Stückzahl: | 10 |

Ursprünglich sollte von der für Einmannbedienung konzipierten Mehrzwecklok eine nennenswerte Stückzahl entstehen. Die Entwicklung ging aber über die zu Recht ausgiebig erprobten Lokomotiven hinweg, sodass die Bundesbahn entschied, die Baureihe 211 für den Streckendienst und die Baureihe 290 für den Rangierdienst zu ordern. Technisch bewährten sich die Maschinen trotz einer etwas zu aufwändigen Konstruktion des Antriebes. Zwischen 1976 und 1978 musterte die Bundesbahn die Loks aus. Neun Maschinen gelangten nach Italien in den Bauzugdienst.

# Köf I

Für den Rangierdienst in kleineren Stationen beschaffte die Reichsbahn Kleinlokomotiven. Diese durften von Rangierlokführern bedient werden, die schlechter als echte Lokführer besoldet wurden. Die Köf I erreichten bis zu 23 km/h Geschwindigkeit.

| Bauart: | B |
|---|---|
| Baujahre: | 1930 – 1938 |
| Leistung: | 28 kW |
| Länge über Puffer: | 5475 mm |
| Dienstmasse: | 10,2 t |
| Stückzahl: | 280 |

# Baureihe 290

Um die wachsenden Zuglasten im Rangierbetrieb bewältigen zu können, stellte die Bundesbahn eine Drehgestell-Rangierlok in Dienst. Viele Bauteile wurden aus Kostengründen von der V 100 übernommen. Inzwischen fahren viele Lokomotiven funkferngesteuert.

| | |
|---|---|
| **Bauart:** | B'B' |
| **Baujahre:** | 1965–1972 |
| **Leistung:** | 810 kW |
| **Länge über Puffer:** | 14.320 mm |
| **Dienstmasse:** | 78,8 t |
| **Stückzahl:** | 407 |

# Typ Integral S 5 D 95

| Bauart: | A'A'1'1'1'A' |
|---|---|
| Baujahre: | 1998–1999 |
| Leistung: | 945 kW |
| Länge über Puffer: | 53.430 mm |
| Dienstmasse: | 112 t |
| Stückzahl: | 17 |

Mit einem fünfteiligen Triebzug beteiligten sich die Bayerische Zugspitzbahn und die Deutsche Eisenbahngesellschaft an der Ausschreibung der Leistungen im Oberland südlich von München. Das innovative Konzept des Integral überzeugte. Nach der Betriebsaufnahme zeigte sich aber, dass der Teufel im Detail steckt. Eine Vielzahl an und für sich kleinerer Defekte setzten den Zügen arg zu. Erst nach einer Generalüberholung konnten die Züge zeigen, was in ihnen steckt. Da die ursprünglich bestellten Einheiten im Alltag nicht ausreichen, soll der Bestand wachsen.

# Baureihe 601 (VT 11.5)

1957 nahmen mehrere europäische Bahnen den TEE-Verkehr auf. Die Bundesbahn beschaffte dafür einen Zug, der aus zwei Triebköpfen und fünf Mittelwagen bestand. Bei Bedarf konnten bis zu drei weitere Wagen eingestellt werden. Äußerst luxuriös ausgestattet, verkörperte der Zug das Reisen erster Klasse in Reinkultur. Technisch überzeugte er durch die geschickte Kombination bewährter Bauteile, die eine Betriebsaufnahme nach Lieferung ermöglichten. Nach 1979 fuhren die Züge im Charterverkehr und wurden bis 1988 ausgemustert.

| | |
|---|---|
| **Bauart:** | B'2'+2'2'+2'2'+2'2'+ 2'2'+2'2'+ 2'Bo'dh |
| **Baujahr:** | 1957 |
| **Leistung:** | 1620 kW |
| **Länge über Puffer:** | 130.680 mm |
| **Dienstmasse:** | 211 t |
| **Stückzahl:** | 8 |

# Baureihe 624
## (VT 23.5, VT 24.5, VT 24.6)

Zweiteilig konzipiert, erhielten die für den schnellen Vorortverkehr bestimmten Züge dank leistungsstarker Motoren bereits ab Werk einen zusätzlichen Mittelwagen. Auch zwei Mittelwagen bereiteten der Antriebsanlage keine Probleme. Die Vorserienfahrzeuge stammten von MAN und der Waggonfabrik Uerdingen. Beide Bauarten unterschieden sich geringfügig, weshalb die DB separate Bezeichnungen vergab. Als VT 24.6 verkehrte dann die Serienausführung, die beide Hersteller gemeinsam fertigten. Die Züge sind heute noch im Einsatz, unter anderem zwischen Berlin und Küstrin.

| | |
|---|---|
| **Bauart:** | B'2'+2'2'+2'B'dh |
| **Baujahre:** | 1960–1965 |
| **Leistung:** | 664–692 kW |
| **Länge über Puffer:** | 79.420/79.460 mm |
| **Dienstmasse:** | 111,5–112,7 t |
| **Stückzahl:** | 88 |

| Bauart: | 2'B'+B'2'dh |
|---|---|
| Baujahre: | 1974–1975 |
| Leistung: | 357–420 kW |
| Länge über Puffer: | 44.350–45.150 mm |
| Dienstmasse: | 64,1 t |
| Stückzahl: | 12 |

Die erste Variante des 628 bestand aus zwei kurzgekuppelten, einmotorigen Triebwagen. Ihre Motoren stammten aus der Serienfertigung für Straßenfahrzeuge. Bis 1980 erprobte die Bundesbahn die Züge, dann baute sie aus vier Einheiten einen Motor aus und ersetzte den anderen durch ein leistungsstärkeres Aggregat. Die Leistungen der zweimotorigen Ausführung wurden aber nicht erreicht. Auf Basis der umgebauten 628.0 entstanden die 628.1. Die 628.0 waren zuletzt von Kempten aus in Betrieb, sollten aber noch 2004 ausgemustert werden.

# Baureihe 628.2

| Bauart: | 2'B'+2'2'dh |
|---|---|
| Baujahre: | 1986 – 1989 |
| Leistung: | 410 kW |
| Länge über Puffer: | 45.400 mm |
| Dienstmasse: | 66,9 t |
| Stückzahl: | 150 |

Zwölf Jahre nach Übernahme des ersten Baumusters begann endlich die Serienlieferung des 628, der den Schienenbus ersetzen sollte. Gegenüber den 628.1 gelang es, die Motorleistung und die Reibungsmasse zu steigern. Ein besserer Schleuderschutz erleichterte dem Triebwagenführer das Anfahren in kritischen Lagen. Den Fahrgästen kamen die überarbeitete Lüftung und Heizung zugute. Die Züge kamen im gesamten Bundesgebiet herum. In einigen Gegenden mussten sie den 628.4 oder Neubautriebzügen weichen. Trotzdem stehen noch fast alle 628.2 in Diensten von DB Regio.

# Baureihe 643

Zu den interessantesten Fahrzeugkonzepten, die auf Initiative des VDV entstanden, gehört das „Talent"-Projekt von Talbot. Die Triebzugfamilie ist konstruktiv für Tempo 160 ausgelegt und kann zudem mit Neigetechnik-Einrichtungen ausgestattet werden. Stromlinienförmige Stirnseiten erinnern an Fernverkehrszüge. Im vorgesehenen Geschwindigkeitsbereich kann die Aerodynamik allerdings vernachlässigt werden. Neben verschiedenen NE-Bahnen orderte auch die DB eine Serie dreiteiliger Triebzüge, die sie erfolgreich in Nordrhein-Westfalen und Rheinland-Pfalz einsetzt.

| | |
|---|---|
| Bauart: | B'2'2'B'dm |
| Baujahr: | 1999 |
| Leistung: | 630 kW |
| Länge über Puffer: | 43.860 mm |
| Dienstmasse: | 96 t |
| Stückzahl: | 75 |

# Baureihe 675 (VT 18.16, 175 DR)

Namen wie „Neptun" oder „Vindobona" trugen Züge, welche die DDR mit dem Ausland verbanden, dem westlichen wie dem östlichen. Die Reichsbahn beschaffte dafür repräsentative Züge, die teilweise auch im Binnenverkehr fuhren. Die Grundeinheit bestand aus je zwei Trieb- und Mittelwagen. Durch Einstellung weiterer Mittelwagen entstanden sechsteilige Einheiten. Die Motoren stammten aus DDR-Produktion, die hydrodynamischen Getriebe aus der Bundesrepublik. Bis 1981 fuhren die Züge planmäßig, danach im Sonderverkehr.

| Bauart: | B'2'+2'2'+2'2'+2'B'dh |
|---|---|
| Baujahre: | 1963–1968 |
| Leistung: | 1324–1471 kW |
| Länge über Puffer: | 98.140 mm |
| Dienstmasse: | 214,4–220 t |
| Stückzahl: | 7 |

# Baureihe 798 (VT 98.9)

| Bauart: | Bodm |
|---|---|
| Baujahre: | 1953–1962 |
| Leistung: | 222 kW |
| Länge über Puffer: | 13.950 mm |
| Dienstmasse: | 18,9–20,9 t |
| Stückzahl: | 329 |

Die 795 konnten wegen ungenügender Motorisierung nicht alle Leistungen bedienen. Deswegen bestellte die Bundesbahn zweimotorige Schienenbusse, die zudem herkömmliche Zug- und Stoßvorrichtungen erhielten, um bei Bedarf Güterwagen mitnehmen zu können. Des Weiteren installierte die DB zur Zugbildung mit mehreren Triebwagen eine Vielfachsteuerung und beschaffte neben Bei- auch Steuerwagen. Das lästige Umsetzen an den Endbahnhöfen entfiel. Bis zur Jahrtausendwende gehörten die 798 zum DB-Bestand. Einige fahren derzeit noch bei der Prignitzer Eisenbahn.

# Baureihe E 71.1
## (pr. EG 511–537)

1912 bestellten die preußischen Staatsbahnen gleich 72 Elektroloks, um eine Art Serienfertigung in Gang zu bringen. Darunter befanden sich auch 18 B'B'-Maschinen, deren Zahl später auf 27 wuchs. Sie sollten 1000-t-Güterzüge im Flachland schleppen, bewältigten im Alltag aber auch 1300 t. Ende der zwanziger Jahre gelangten die meisten Maschinen nach Baden. Die DB musterte sie bis 1959 aus. Eine Lok verblieb in Österreich, eine gelangte in die Sowjetunion, die sie 1952/53 zurückgab. Äußerlich aufgearbeitet zog sie in das Dresdner Verkehrsmuseum ein.

| | |
|---|---|
| **Bauart:** | B'B' |
| **Baujahre:** | 1914–1922 |
| **Leistung:** | 785 kW |
| **Länge über Puffer:** | 11.600 mm |
| **Dienstmasse:** | 64,9 t |
| **Stückzahl:** | 27 |

# Baureihe E 80

| Bauart: | (A1A)(A1A) |
| --- | --- |
| Baujahr: | 1930 |
| Leistung: | 248 kW |
| Länge über Puffer: | 15.400 mm |
| Dienstmasse: | 90,6 t |
| Stückzahl: | 5 |

Um in München Hauptbahnhof und Süd auf Gleisen mit und ohne Fahrleitung rangieren zu können, beschaffte die Reichsbahn Rangierloks, die wahlweise ihre Traktionsenergie aus dem Fahrdraht oder aus Akkumulatoren beziehen konnten. Die Kapazität der Batterien genügte für den Einsatzzweck, die Steuerung fiel etwas kompliziert aus. Mit der E 80 01 führten Reichs- und Bundesbahn Versuche durch, unter anderem zur Entwicklung der E 320 21. 1961 musterte die Deutsche Bundesbahn die letzte Maschine aus.

# Baureihe E 90.5
## (pr. EG 551/552 – 569/570)

| Bauart: | C+C |
|---|---|
| Baujahre: | 1919 – 1922 |
| Leistung: | 1530 kW |
| Länge über Puffer: | 15.950 mm |
| Dienstmasse: | 98,2 t |
| Stückzahl: | 5 |

Für die schlesische Strecke Lauban – Königszelt orderten die preußischen Staatsbahnen 1912 Doppelloks, die allerdings erst nach dem Krieg geliefert wurden. Wegen der geringen Höchstgeschwindigkeit von 50 km/h schleppten die Maschinen zeitlebens nur Güterzüge. Lokführer kritisierten die kraftaufwändige, jedoch leicht zu wartende Schlittensteuerung. Die letzten Loks gelangten in die Sowjetunion, wurden 1952/53 zurückgegeben und etwa 1956 ohne vorherige Reparatur von der Reichsbahn verschrottet.

# Baureihe E 95

Für die Bespannung von 2200-t-Güterzügen auf der Strecke Breslau–Arnsdorf, die letzten Endes nicht elektrifiziert wurde, stellte die Reichsbahn Doppellokomotiven in Dienst. Sie waren die teuersten Maschinen ihrer Zeit. Im Planbetrieb erbrachten sie den Nachweis, dass der Tatzlagerantrieb für hohe Leistungen bei geringer Geschwindigkeit geeignet ist. Nach dem Zweiten Weltkrieg beschlagnahmten die sowjetischen Besatzer die Loks, gaben sie aber 1952/53 zurück. Die Reichsbahn arbeitete drei Loks auf und setzte sie bis 1969 ein.

| Bauart: | 1'Co+Co1' |
| --- | --- |
| Baujahre: | 1927–1928 |
| Leistung: | 2778 kW |
| Länge über Puffer: | 20.900 mm |
| Dienstmasse: | 138,5 t |
| Stückzahl: | 6 |

# Baureihe 103.1 kurz

Mit den Serienmaschinen der Baureihe 103 bekam das 1971 eingeführte Intercity-Netz der Bundesbahn ein Gesicht. Zwar dauerte es einige Jahre, bis das Bundesverkehrsministerium wenigstens auf einigen Streckenabschnitten planmäßig 200 km/h Spitzengeschwindigkeit zuließ. Doch die Bahn gewann durch die nicht nur leistungsfähigen, sondern auch formschönen Lokomotiven ein positives Image. Bis in das neue Jahrtausend hinein schleppten sie schnelle Fernzüge im ganzen Bundesgebiet. Erst 2003 rollten die letzten Loks auf das Abstellgleis.

| | |
|---|---|
| Bauart: | Co'Co' |
| Baujahre: | 1970–1972 |
| Leistung: | 7440 kW |
| Länge über Puffer: | 19.500 mm |
| Dienstmasse: | 114 t |
| Stückzahl: | 115 |

# Baureihe 104 (E 04, 204 DR)

| Bauart: | 1'Co1' |
|---|---|
| Baujahre: | 1932–1935 |
| Leistung: | 2190 kW |
| Länge über Puffer: | 15.120 mm |
| Dienstmasse: | 92 t |
| Stückzahl: | 23 |

Für den Einsatz in Mitteldeutschland orderte die Reichsbahn Anfang der dreißiger Jahre zehn Schnellzuglokomotiven mit Federtopfantrieb. Zwei davon unternahmen von München aus Schnellfahrversuche, bei denen die E 04 09 bis zu 151,5 km/h erreichte. Weitere 13 Lokomotiven gelangten nach Süddeutschland. Mit ihnen standen für die elektrifizierten Hauptbahnen hochleistungsfähige, robuste Maschinen zur Verfügung. Beide deutsche Bahnen erbten Lokomotiven. Die Reichsbahn konnte schon 1977 auf ihre als 204 bezeichneten Loks verzichten, die Bundesbahn erst 1981.

# Baureihe 110.1 kantig (E 10.1 DB)

Nach Abschluss des Probebetriebes mit den 110 001–5 entschied die Bundesbahn, keine Universallok, sondern spezialisierte Maschinen zu beschaffen. Für den Schnellzugdienst stellte sie hochleistungsfähige, robuste Lokomotiven mit Widerstandsbremse in Dienst, die 150 km/h Höchstgeschwindigkeit erreichten. Die ersten Maschinen erhielten einen ihrer Bezeichnung entsprechenden, kantigen Lokkasten. Da die Geschwindigkeit nicht ausreichte, wechselten die Maschinen nach und nach in den Nahverkehr und machen sich dort bis heute nützlich.

| | |
|---|---|
| **Bauart:** | Bo'Bo' |
| **Baujahre:** | 1957–1963 |
| **Leistung:** | 3700 kW |
| **Länge über Puffer:** | 16.490 mm |
| **Dienstmasse:** | 84,6 t |
| **Stückzahl:** | 181 |

# Baureihe 110.1 Bügelfalte (E 10.1 DB)

| Bauart: | Bo'Bo' |
|---|---|
| Baujahre: | 1963–1969 |
| Leistung: | 3700 kW |
| Länge über Puffer: | 16.490 mm |
| Dienstmasse: | 84,6 t |
| Stückzahl: | 198 |

Ab der E 10 288 erhielten die Maschinen ab Werk einen Lokkasten mit windschnittiger Kopfform, der bereits für die Baureihe 112 verwendet wurde. Der senkrechte Knick in der Schnauze verlieh ihnen den Titel „Bügelfaltenloks". Technisch entsprachen die Bügelfalten-110 ihren kantigeren Schwestern, mit denen sie die Einsatzgebiete teilten. Nach Reparaturen zeigten sich auch einige Loks früherer Bauserien mit dem optisch gefälligeren Kasten. Die 110 511 entstand durch Umbau aus der 139 134.

# Baureihe 112/114 (212 DR)

| Bauart: | Bo'Bo' |
|---|---|
| Baujahre: | 1982 – 1994 |
| Leistung: | 4220 kW |
| Länge über Puffer: | 16.640 mm |
| Dienstmasse: | 83 t |
| Stückzahl: | 130 |

Aus der 143 leitete LEW eine Schnellzugvariante ab, die 160 km/h
Spitzentempo erreichte. In der DDR lag die Höchstgeschwindigkeit der Strecken bei 120 km/h, weshalb die Reichsbahn die 1982
vorgestellte Lok nicht brauchte. Erst mit der deutschen Wiedervereinigung bekam die 112 ihre Chance. Sowohl die Reichsbahn
als auch die Bundesbahn setzten die soliden Lokomotiven ein,
die heute in beiden Verkehrsgebieten stationiert sind. Sie gehören dem Fernverkehr, schleppen aber auch Nahverkehrszüge.
Dauerhaft an den Nahverkehr verliehene Loks erhielten die Bezeichnung 114.

# Baureihe 120.1

Trotz erfolgreicher Erprobung der Vorserienloks konnte die Bundesbahn erst Mitte der achtziger Jahre mit der Beschaffung der Serienmaschinen beginnen. Der Finanzminister verweigerte nämlich lange Zeit sein Placet. Die Loks mussten gründlich überarbeitet werden, da die Halbleitertechnik gewaltige Fortschritte machte. Sie waren als Universalloks konzipiert, sollten tagsüber Reise- und nachts Güterzüge an den Haken nehmen. Als die Bahn mit der Bahnreform gespalten wurde, gelangten die 120 zum Fernverkehr. Ungeachtet dessen sind sie nach wie vor auch vor langen Güterzügen zu sehen.

| Bauart: | Bo'Bo' |
|---|---|
| Baujahre: | 1987–1989 |
| Leistung: | 5600 kW |
| Länge über Puffer: | 19.200 mm |
| Dienstmasse: | 84 t |
| Stückzahl: | 60 |

# Baureihe 140 (E 40 DB)

Die Einheitslokvariante für den mittelschweren Güter- und Reise-zugdienst entsprach technisch weitgehend der Baureihe E 10. Das Übersetzungsverhältnis vom Getriebe unterschied sich, um eine höhere Zugkraft zu erzielen. Die dadurch bedingte niedri-gere Geschwindigkeit nahm man hin. Auf die Widerstandsbremse glaubte die Bahn verzichten zu können. Die äußerst leistungs-fähige und robuste Maschine wurde zur meistgebauten Einheits-lok der Bundesbahn. Seit der Bahnreform gehört sie zu DB Cargo. Die Ausmusterung hat begonnen.

| Bauart: | Bo'Bo' |
|---|---|
| Baujahre: | 1957 – 1973 |
| Leistung: | 3700 kW |
| Länge über Puffer: | 16.490 mm |
| Dienstmasse: | 83 t |
| Stückzahl: | 848 |

# Baureihe 143 (243 DR)

| | |
|---|---|
| **Bauart:** | Bo'Bo' |
| **Baujahre:** | 1982–1989 |
| **Leistung:** | 3720 kW |
| **Länge über Puffer:** | 16.640 mm |
| **Dienstmasse:** | 82 t |
| **Stückzahl:** | 646 |

Das Baumuster dieser Lok war anfangs für 160 km/h Höchstgeschwindigkeit konzipiert und führte die Bezeichnung 212001. Da die Reichsbahn keine Strecken besaß, die mit mehr als 120 km/h befahren werden durften, brauchte sie keine solche Lok und rüstete sie für Tempo 120 um. Die moderne Maschine mit Thyristorsteuerung wurde zur Standardlokomotive in der DDR. Teils mit Wendezugsteuerung ausgerüstet, fuhr sie in allen Diensten. Nach der deutschen Vereinigung wechselten zahlreiche Maschinen zu Bundesbahn-Dienststellen.

# Baureihe 144 G (E 44 G)

| | |
|---|---|
| **Bauart:** | Bo'Bo' |
| **Baujahre:** | 1952–1955 |
| **Leistung:** | 2200 kW |
| **Länge über Puffer:** | 15.290 mm |
| **Dienstmasse:** | 78 t |
| **Stückzahl:** | 14 |

Schon in der Vorkriegszeit hatte die Reichsbahn mit einer Wendezugsteuerung experimentiert, um den Nahverkehr rationeller zu
gestalten. Bei der Instandsetzung von im Krieg beschädigten Lokomotiven rüstete die Bundesbahn zunächst vier Maschinen der
Baureihe 144 mit einer Wendezugsteuerung aus. Später folgten
weitere Lokomotiven. Zur Kennzeichnung erhielten die Loks hinter
der Nummer ein hochgestelltes „G" wie „geschobener Zug". Nach
1968 trugen die Wendezug-144 keine spezielle Kennung mehr. Die
letzte verschwand 1982.

# Baureihe 145

Für den mittelschweren Güterzugdienst beschaffte die Deutsche Bahn eine Bo'Bo'-Lok mit modernem, oberbauschonendem Tatzlagerantrieb. Dieser gehört zu den kostengünstigsten Antriebsarten. Dank der leichteren Drehstrommotoren lässt sich der AEG-Antrieb kaum mehr noch mit dem herkömmlichen Tatzlagerantrieb vergleichen. Zugelassen sind die Maschinen denn auch für 140 km/h. Von Seddin aus schleppen sie Güterzüge vornehmlich in den neuen Bundesländern.

| Bauart: | Bo'Bo' |
|---|---|
| Baujahre: | 1997–2000 |
| Leistung: | 4200 kW |
| Länge über Puffer: | 18.900 mm |
| Dienstmasse: | 80 t |
| Stückzahl: | 80 |

# Baureihe 146

Aus der Baureihe 145 ließ die DB von ADtranz eine Variante für den Nahverkehr ableiten. Sie unterscheidet sich vor allem durch den Hochleistungsantrieb, müssen Nahverkehrszüge heutzutage doch auch Geschwindigkeiten von bis zu 160 km/h erreichen. Äußerlich fallen die Maschinen durch die Fahrtrichtungsanzeige oberhalb der Stirnfenster ins Auge – ein typisches Nahverkehrsaccessoire. Neben DB Regio bestellte das Land Niedersachsen Maschinen für seinen Fahrzeugpark. Sie fahren unter anderem die Metronom-Züge zwischen Hannover und Bremen.

| | |
|---|---|
| Bauart: | Bo'Bo' |
| Baujahr: | 2001 |
| Leistung: | 4200 kW |
| Länge über Puffer: | 18.900 mm |
| Dienstmasse: | 80 t |
| Stückzahl: | 31 (DB) |

| Bauart: | Co'Co' |
|---|---|
| Baujahre: | 1972–1977 |
| Leistung: | 6300 kW |
| Länge über Puffer: | 19.490 mm |
| Dienstmasse: | 118 t |
| Stückzahl: | 170 |

Anfang der siebziger Jahre träumte die Bundesbahn davon, im Güterverkehr eine nennenswerte Zahl Züge mit 120 km/h Höchstgeschwindigkeit einsetzen zu können. Deswegen beschaffte sie die Baureihe 150 nicht weiter, sondern gab eine Nachfolgerin in Auftrag. Die 151 war deutlich leistungsfähiger und erhielt wie die Schnellfahrloks der Baureihe 103 ein Hochspannungsschaltwerk mit Thyristor-Lastschalter. Bis heute bewältigt die 151 ihr Arbeitspensum problemlos. Einige Loks erhielten für den Einsatz vor schweren Erz- und Kohlezügen eine automatische Mittelpufferkupplung.

# Baureihe 163 (E 63)

| Bauart: | C |
|---|---|
| Baujahre: | 1935–1940 |
| Leistung: | 725/710 kW |
| Länge über Puffer: | 10.200 mm |
| Dienstmasse: | 53,1/51,4 t |
| Stückzahl: | 8 |

Noch ehe die Baureihe 160 vollständig geliefert war, konnten Rangierlokomotiven ihrer Leistungsklasse laufachslos gefertigt werden. AEG und BBC statteten die Maschinen mit unterschiedlichen Komponenten aus, weshalb sich die Loks äußerlich geringfügig unterschieden. Sie arbeiteten in den Bahnhöfen von Augsburg, Garmisch-Partenkirchen, München und Stuttgart. 1960/61 gewährte ihnen die Bundesbahn eine Generalüberholung. Die letzte Maschine verschwand 1978 aus dem Bestand.

# Baureihe 181.2

Nachdem an verschiedenen Punkten das deutsche und französische elektrische Streckennetz zusammengeschlossen waren, lag es nahe, Zweisystemlokomotiven zu beschaffen, die an der Grenze durchfahren konnten. Die Technik war inzwischen ausgereift, sodass die Bundesbahn eine kleine Serie für den Güter- und Reisezugdienst vorgesehener Loks orderte. Die von den Versuchsloks wegen des rasanten Fortschritts der Technik stark abweichenden Loks bewährten sich und leisten bis heute unermüdlich diesseits und jenseits des Rheins ihren Dienst.

| Bauart: | Bo'Bo' |
|---|---|
| Baujahre: | 1974–1975 |
| Leistung: | 3300 kW |
| Länge über Puffer: | 17.940 mm |
| Dienstmasse: | 82,5 t |
| Stückzahl: | 25 |

# Baureihe 185

Konzeptionell ging die Mehrsystemlok aus den Baureihen 101 und 145 hervor, die ebenfalls bei Bombardier gefertigt wurden. Der Konzern bezeichnet die inzwischen auch in die Schweiz und an Privatbahnen verkauften Lokomotiven aber als Ahnherren der Lokfamilie. Von ihnen bestellte DB Cargo die höchste Stückzahl. Sie sollen im grenzüberschreitenden Verkehr eingesetzt werden. Theoretisch sind zwar Durchläufe von Norwegen bis Italien denkbar. Dann bräuchten die Loks aber so viele Sicherungseinrichtungen, dass sie für die nötige Technik einen Tender mitführen müssten.

| Bauart: | Bo'Bo' |
|---|---|
| Baujahre: | 2000 – 2008 |
| Leistung: | 4200 kW |
| Länge über Puffer: | 18.900 mm |
| Dienstmasse: | 84 t |
| Stückzahl: | 400 |

# Baureihe 194 (E 94, 254 DR)

| Bauart: | Co'Co' |
|---|---|
| Baujahre: | 1940–1956 |
| Leistung: | 3300 kW |
| Länge über Puffer: | 18.600 mm |
| Dienstmasse: | 118,7 t |
| Stückzahl: | 173 |

Noch während des Baus der 193 arbeiteten Reichsbahn und Industrie an einer leistungsstärkeren Variante. Wegen des größeren Achsstandes im Drehgestell durchliefen die 194 zwar Bögen nicht so leicht wie die Schwestern, insgesamt übertrafen sie aber die Erwartungen und zählen bis heute zu den gelungensten deutschen Elektrolokomotiven. Nach dem Krieg ließ die DB weitere Maschinen bauen. Sie fuhren bis 1988 im Plandienst. Bis in die Tage der deutschen Wiedervereinigung setzte die Reichsbahn ihre „Eisenschweine" ein. Einige Maschinen gelangten in den Braunkohletagebau.

# InterCityExpress Baureihe 401

| Bauart: | Bo'Bo' |
|---|---|
| Baujahre: | 1990–1995 |
| Leistung: | 9600 kW |
| Länge des Zuges: | 358.000 mm |
| Dienstmasse: | 782 t |
| Stückzahl: | 60 |

Mit den Zügen der Baureihe 401 begann 1991 das Zeitalter des Hochgeschwindigkeitsverkehrs in Deutschland. Auf den Neu-baustrecken Hannover–Würzburg und Mannheim–Stuttgart sowie dem bestehenden Netz erreichten die Züge Spitzenge-schwindigkeiten von 250 km/h. Zugelassen waren sie sogar für Tempo 280. Der ICE 1 ist das Symbol der Wende im deutschen Reisezugverkehr.

# ICE 3 (Baureihe 403)

Über ein neues Antriebskonzept verfügt der ICE 3. Hatten die ersten ICE lokähnliche Triebköpfe, ist der Antrieb nunmehr über den kompletten Zug verteilt. Der ICE erreicht 330 km/h Höchstgeschwindigkeit, darf auf den DB-Strecken aber nur 300 km/h erreichen.

| Bauart: | Angetriebene Mittelwagen |
|---|---|
| Baujahre: | 1999–2004 |
| Leistung: | 8000 kW |
| Länge des Zuges: | 200.800 mm |
| Dienstmasse: | 409 t |
| Stückzahl: | 50 |

# Baureihe 423/433

In den S-Bahnnetzen an Rhein und Ruhr sowie in München und Stuttgart ersetzt der vierteilige Triebzug die Baureihe 420/421. Er besteht aus zwei End- und zwei Mitteltriebwagen, die über Jakobs-Drehgestelle und Fahrgastdurchgänge miteinander verbunden sind. Bis zu drei Einheiten bilden einen Langzug. Konsequenter Leichtbau und moderne Drehstromantriebstechnik senken den Energieverbrauch der Züge. Im Schadfall lassen sich die Komponenten schnell und einfach austauschen, was die Instandhaltungskosten senkt.

| | |
|---|---|
| **Bauart:** | Bo'(Bo')(2')(Bo')Bo' |
| **Baujahre:** | 1998– |
| **Leistung:** | 2350 kW |
| **Länge über Puffer:** | 67.400 mm |
| **Dienstmasse:** | 119,4 t |
| **Stückzahl:** | 300 |

# Baureihe 450 (GT 8-100 C)

| Bauart: | B'2'2'B' |
|---|---|
| Baujahr: | 1991 – 1995 |
| Leistung: | 460 kW |
| Länge über Puffer: | 37.610 mm |
| Dienstmasse: | 82 t |
| Stückzahl: | 36 |

Mit modernen Stadtverkehrskonzepten erregt Karlsruhe Aufsehen. An verschiedenen Punkten verlässt die Straßenbahn ihre gewohnten Gleise, um auf Eisenbahnschienen an das Ziel zu gelangen. Im Stadtgebiet fahren die Züge mit 750 V Spannung führendem Gleichstrom, auf DB-Gleisen mit bahnüblichem Wechselstrom. Vier der äußerlich Straßenbahnatmosphäre ausstrahlenden Züge gehören der DB, der Rest den Verkehrsbetrieben und der Albtalbahn. Das „Karlsruher Modell", das einen Vorläufer in Berlin hatte, bewährte sich und wurde in Saarbrücken und Kassel nachgeahmt.

# Baureihe 456 (ET 56)

| Bauart: | Bo'2'+2'2'+2'Bo' |
|---|---|
| Baujahr: | 1952 |
| Leistung: | 1100 kW |
| Länge über Puffer: | 79.970 mm |
| Dienstmasse: | 121 t |
| Stückzahl: | 7 |

Die ersten elektrischen Fahrzeuge der DB fuhren im Vorortverkehr rund um Nürnberg und Stuttgart. Ihre elektrische Ausrüstung stammte zum Teil von ausgemusterten Zügen der Baureihen
ET 25 und ET 31 sowie aus Reservebeständen. Der mechanische
Teil war bei allen Fahrzeugen neu. Daher können die dreiteili-
gen Garnituren als modernisierte Einheitstriebzüge und somit
als Übergangslösung gelten. Sie zeigten sich den Verkehrsbe-
dürfnissen gewachsen und wichen erst 1986 moderneren Fahrzeugen.

# Baureihe 470/870 (ET/EB 170)

In den fünfziger Jahren konnte die Bundesbahn den Ausbau des Hamburger S-Bahnnetzes vorantreiben. Außerhalb Hamburgs waren die Haltestellenabstände länger, weshalb die Höchstgeschwindigkeit des 471, 80 km/h, nicht mehr ausreichte. Die Neuentwicklung entsprach konzeptionell dem 20 Jahre alten Vorgänger, war aber deutlich leistungsfähiger und pflegeleichter. Als die neue Tunnelstrecke durch die Innenstadt gebaut wurde, endete die Beschaffung der Züge zugunsten der Baureihe 472. 470 wie 471 fuhren bis zur Jahrtausendwende.

| Bauart: | Bo'Bo'+2'2'+Bo'Bo' |
|---|---|
| Baujahre: | 1959–1970 |
| Leistung: | 1280 kW |
| Länge über Puffer: | 65.520 mm |
| Dienstmasse: | 111 t |
| Stückzahl: | 45 |

# Baureihe 475/875 (ET/EB 165, 275)

Der meistgebaute deutsche Zug stammt aus Berlin. Für die „große Elektrisierung" der Stadt-, Ring- und Vorortbahn entwickelte O & K einen aus Trieb- und Steuerwagen bestehenden Viertelzug. Die Serienfahrzeuge entstanden in einer Reihe namhafter Waggonfabriken. Bei einem Teil der Züge wurde der Steuerwagen ab Werk durch einen Beiwagen ersetzt. Später baute die Reichsbahn die Steuerwagen in Beiwagen um, sodass zwei Viertelzüge die kleinste betriebsfähige Einheit bildeten. Die Triebzüge der Bauart „Stadtbahn" blieben bis 1997 im Einsatz.

| | |
|---|---|
| Bauart: | Bo'Bo'+2'2' |
| Baujahre: | 1928–1931 |
| Leistung: | 360 kW |
| Länge über Puffer: | 34.560 mm |
| Dienstmasse: | 64,6 t |
| Stückzahl: | 634 |

| Bauart: | Bo'Bo'+2'2'+Bo'Bo' |
|---|---|
| Baujahr: | 1999 |
| Leistung: | 720 kW |
| Länge über Puffer: | 54.065 mm |
| Dienstmasse: | 128 t |
| Stückzahl: | 1 |

Nachdem die Berliner Verkehrsbetriebe mit für Stadtrundfahrten umgebauten Bussen und Straßenbahnen große Erfolge gefeiert hatten, wollte auch die S-Bahn ihren Kunden ein neues Fahrgefühl bieten. Aus zwei Triebwagen der Baureihe 477 sowie einem Beiwagen entstand in der Hauptwerkstatt Schöneweide ein dreiteiliger, luxuriös ausgestatter Panoramazug. Großflächige Fenster bieten den Fahrgästen beste Sicht auf die Sehenswürdigkeiten. Dank der guten Motorisierung beeinträchtigt der Zug nirgendwo den Planbetrieb.

# Baureihe 491 (ET 91)

| Bauart: | Bo'2' |
|---|---|
| Baujahre: | 1935–1936 |
| Leistung: | 390 kW |
| Länge über Puffer: | 20.600 mm |
| Dienstmasse: | 45,4 t |
| Stückzahl: | 2 |

Für den Ausflugsverkehr beschaffte die Reichsbahn zwei Triebwagen mit großen Fenstern und gläsernen Dachfasen. Ihre Technik wurde, soweit wie möglich, aus den Einheitstriebwagen übernommen. Der ET 91 01 fiel 1943 einem Bombenangriff auf München zum Opfer. Der andere Triebwagen gelangte zur Bundesbahn, die mit ihm Ausflugsfahrten im ganzen Netz durchführte, teilweise im Schlepp von Dieselloks auch auf nicht elektrifizierten Strecken. 1977 sollte er ausgemustert werden. Wegen der hohen Nachfrage wurde er erneut aufgearbeitet. Ein Unfall beendete 1995 die Karriere des „Gläsernen Zuges".

# Baureihe 517 (ETA 176)

Rund um Limburg bewältigten rund 30 Jahre lang rundliche Triebwagen den Nah- und Eilzugverkehr. Im Nahverkehr konnten sie mit einer Batterieladung etwa 250 Kilometer zurücklegen, im Fernverkehr 400 Kilometer. Im Plandienst fuhren sie zumeist mit einem Steuerwagen, wobei Eilzüge nicht selten aus vier Fahrzeugen bestanden. Der Rückgang der Verkehrsleistungen ließ das Einsatzgebiet der Züge schrumpfen. 1984 konnte die Bundesbahn auf die „Limburger Zigarren", wie sie unter Eisenbahnfreunden hießen, verzichten.

| | |
|---|---|
| **Bauart:** | Bo'2' |
| **Baujahre:** | 1952–1954 |
| **Leistung:** | 200 kW |
| **Länge über Puffer:** | 27.000 mm |
| **Dienstmasse:** | 59 t |
| **Stückzahl:** | 8 |

# Niederlande

**Wie in Deutschland wurde auch in den Niederlanden die Staatsbahn in selbstständige Betreibergesellschaften aufgeteilt. Wegen zahlreicher Engpässe im Netz konkurrieren die Gütersparte, die heute als Railion Benelux zur Deutschen Bahn gehört, und NS Reijzigers heftig um die zu vergebenden Trassen.**

Die im Design US-amerikanisch wirkenden Maschinen der Serie 1200 wurden nach einem Entwurf von Baldwin zwischen 1951 und 1953 bei Werkspoor in den Niederlanden gebaut, wobei im Rahmen der Marshall-Plan-Hilfe Baldwin die kompletten Drehgestelle und Westinghouse elektrische Komponenten direkt aus den USA lieferten. Die in Europa einzigartigen, beim Personal äußerst beliebten Loks werden noch heute von der Privatbahn ATCS in den Niederlanden vor Güterzügen eingesetzt.

## Serie 1200

| | |
|---|---|
| Bauart: | Co'Co' |
| Baujahre: | 1951–1953 |
| Leistung: | 2208 kW |
| Länge über Puffer: | 18.086 mm |
| Dienstmasse: | 108 t |
| Stückzahl: | 25 |

# Serie DD-IRM

| Bauart: | Bo'2'+2'2'+...+2'Bo' |
|---|---|
| Baujahre: | 1994–2005 |
| Leistung: | 604 kW |
| Länge über Puffer: | 27.500 mm je Wagen |
| Dienstmasse: | 62,2+50,4/52,4 t+... |
| | +62.2 t |
| Stückzahl: | 81 Züge |

Die komfortablen, derzeit meist noch drei- oder vierteiligen Doppelstocktriebzüge der Serie IRM werden vorwiegend im Intercityverkehr eingesetzt. Bis 2005 soll Bombardier den Bestand um 378 Einzelwagen aufstocken, um bestehende Einheiten auf bis zu sechs Wagen zu verlängern und um neue Triebwagenzüge zu bilden. Ein Teil der neuen Mittelwagen wird dabei für die Aufnahme von Wechselstrom (25 kV/50 Hz) aus dem Fahrdraht der Neubaustrecken vorbereitet.

# Serie V 7

| Bauart: | 2'Bo'+Bo'2' |
|---|---|
| Baujahre: | 1970–1972 |
| Leistung: | 752 kW |
| Länge über Puffer: | 52.140 mm |
| Dienstmasse: | 86 t |
| Stückzahl: | 40 |

Die bekannten gelben Triebwagen entstanden in zahlreichen Varianten. So gab es neben verschiedenen Bauserien für den elektrischen Betrieb auch mehrere Dieseltypen. Auffälligste Vetreter der Triebwagenfamilie waren aber sicherlich die zwei-teiligen Personentriebwagen mit Postabteil. Die 140 km/h schnellen V 7 verfügen im Innenraum über 24 Sitzplätze der 1. und 104 Plätze der 2. Klasse. Im Gegensatz zu den Geschwistern fertigte sie die Firma Werkspoor und nicht Talbot.

„Blauwe Engelen" (Blaue Engel) taufte man die von Allan gelieferten dieselelektrischen Triebwagen, die mit ihrer anfangs hellblauen Farbgebung und den Flügeln an der Front besonders auffällig gestaltet waren. In den Jahren 1975 bis 1981 unterzogen die NS die zweiteiligen, technisch nahezu symmetrisch aufgebauten Triebwagen einer umfassenden Modernisierung und Remotorisierung. Bis vor wenigen Jahren waren die formschönen Fahrzeuge im Planeinsatz und gelangten im internationalen Regionalverkehr bis nach Aachen.

| Bauart: | Bo'2'Bo'de |
|---|---|
| Baujahre: | 1953–1954 |
| Leistung: | 360 kW |
| Länge über Puffer: | 45.400 mm |
| Dienstmasse: | 90 t |
| Stückzahl: | 56 |

# Belgien

Belgien gehört zu den Pionierländern der Eisenbahn. Die erste Eisenbahn auf dem europäischen Festland führte von Mecheln nach Brüssel. Am 5. Mai 1835 dampfte der Eröffnungszug. Im Gegensatz zu anderen setzte Belgien von Beginn an auf Staatsbahnen und baute sein Netz systematisch auf.

Bahntechnisch betrachtet liegt Belgien recht ungünstig zwischen Deutschland, Frankreich und den Niederlanden. Beide Staaten hatten ihre eigenen Vorstellungen, wie der Verkehr abzuwickeln sei, beispielsweise in Bezug auf die Elektrifizierung.

Für den Einsatz sowohl unter 3 kV Gleichstrom als auch unter 25 kV/50 Hz Wechselstrom bestellte die SNCB gemeinsam mit der CFL 80 Zweisystemloks, von denen sie 60 Exemplare als Serie 13 in ihren Bestand übernahm. Das Aufgabengebiet der inzwischen zuverlässigen Maschinen reicht von Intercityzügen auf den belgischen Hauptstrecken bis zum Güterzugdienst von den Seehäfen über die Athus-Meuse-Linie weit nach Frankreich hinein.

### Serie 13

| | |
|---|---|
| Bauart: | Bo'Bo' |
| Baujahre: | 1998–2000 |
| Leistung: | 5000 kW |
| Dienstmasse: | 85 t |
| Stückzahl: | 60 |

| Bauart: | (A1A)'(A1A)' |
|---|---|
| Baujahre: | 1963–1964 |
| Leistung: | 1264/1397 kW |
| Länge über Puffer: | 18.900 mm |
| Dienstmasse: | 113 t |
| Stückzahl: | 40 |

In drei Varianten stellte die Belgische Staatsbahn die bei AFB in Lizenz gebauten „Rundnasen" in Dienst. Sie unterschieden sich geringfügig in technischen Details. Die ersten beiden Serien erhielten elektrische Bremsen. Eine Variante verfügte über die Dampfheizung, während die andere nur Güterzüge schleppen sollte. Die letzte Serie erreichte 140 statt 120 km/h Höchstgeschwindigkeit. Ab 1978 baute die SNCB einige Loks um, sodass die charakteristische Nase verloren ging. Die letzten Loks rollten kürzlich auf das Abstellgleis.

# Serie 22/23

| Bauart: | Bo'Bo' |
|---|---|
| Baujahre: | 1953 – 1957 |
| Leistung: | 1880 kW |
| Länge über Puffer: | 18.000 mm |
| Dienstmasse: | 87 t (22), 93 t (23) |
| Stückzahl: | 50 + 83 = 133 |

Für den Einsatz in allen Diensten lieferten Nivelles und SEMG 130 km/h schnelle Loks an die SNCB. Die Serie 23 stellt dabei eine Weiterentwicklung der Serie 22 dar und unterscheidet sich von ihr durch ihr sehr hohes Dienstgewicht und die Ausrüstung mit einer zur Serie 26 kompatiblen Vielfachsteuerung. Sie ist noch heute im ganzen Lande vor schweren Güterzügen häufig in Doppeltraktion anzutreffen. Die Serie 22 zieht heute dagegen fast nur noch Personenzüge.

Zu Beginn der sechziger Jahre lösten die 51 zahlreiche Dampfloks ab. Im Inneren der vor Züge jedweder Gattung gespannten Maschinen arbeitete der Cockerill-Baldwin 10-608A. Aufgrund des harten Alltagseinsatzes zeigten sich mit der Zeit Verschleißerscheinungen, weshalb sich die SNCB dazu entschloss, 2003 die zuletzt noch immer im schweren Güterzugdienst eingesetzten 51 abzustellen. Wenige Loks verdienen sich aber im Bauzugeinsatz weiterhin ihr Gnadenbrot.

| | |
|---|---|
| **Bauart:** | Co'Co'de |
| **Baujahre:** | 1961–1963 |
| **Leistung:** | 1285/1569 kW |
| **Länge über Puffer:** | 20.160 mm |
| **Dienstmasse:** | 117/113,2 t |
| **Stückzahl:** | 93 |

# Serie 73

Für den schweren Rangierdienst beschaffte die SNCB Mitte der sechziger Jahre die mit hydrodynamischer Kraftübertragung ausgestattete Serie 73. Infolge der guten Laufeigenschaften bei ihrer zulässigen Höchstgeschwindigkeit von 60 km/h setzte man die kleinen Maschinen gern auch im Streckendienst vor Übergaben ein. Einige Exemplare sind mit einer Vielfachsteuerung ausgerüstet und fördern als Pärchen unter anderem schwere Ölzüge im Hafen von Antwerpen.

| Bauart: | C |
|---|---|
| Baujahre: | 1965–1967 |
| Leistung: | 550 kW |
| Länge über Puffer: | 11.170 mm |
| Dienstmasse: | 56 t |
| Stückzahl: | 95 |

| Bauart: | A1'1A'+A1'1A' |
| --- | --- |
| Baujahre: | 1962 – 1980 |
| Leistung: | 620 kW (AM 62/63/65), 680 kW (AM 66/70/73/ 74/78/79) |
| Länge über Puffer: | 23.592 + 23.713 mm |
| Dienstmasse: | 49 + 50 t (AM 62/63/65), 52 + 56 t (AM 66/70/ 73/ 74/78/79) |
| Stückzahl: | 304 |

Allgegenwärtig auf dem belgischen Streckennetz sind die 140 km/h schnellen, zweiteiligen Triebwagen im Nah- und Regionalverkehr anzutreffen. Mit Stirntüren ausgerüstet werden sie häufig auf Hauptbahnen zu langen Triebwagenzügen zusammengekuppelt, wobei sie auch mit der Serie AM 75/76/77 beliebig kombinierbar sind. Seit der Abschaffung der Schnellzüge Köln – Oostende sind die als „Tweedjes" bezeichneten Züge sogar im grenzüberschreitenden Interregioverkehr zwischen Liége und Aachen anzutreffen.

# Serie AM 86/89

| Bauart: | Bo'Bo'+2'2' |
|---|---|
| Baujahre: | 1988 – 1991 |
| Leistung: | 4 × 172 kW = 688 kW |
| Länge über Puffer: | 2 × 26.400 = 52.800 mm |
| Dienstmasse: | 59 + 47 t |
| Stückzahl: | 52 |

Die Zweiwagenzüge führten im Nahverkehr die Sitzanordnung 2 + 2 statt 2 + 3 in der 2. Klasse ein. Innovativ waren die Fahrzeuge durch die Stirnfront aus Polyester, die ihnen den Spitznamen „Duikbril" (Taucherbrille) einbrachte. Die für den Einmannbetrieb vorbereiteten, 120 km/h schnellen Züge fuhren im Kurzstreckenverkehr insbesondere im Raum Brüssel.

# Serie 45

Für den Nebenbahndienst in den Ardennen baute Germain die Serien 44 und 45 mit je zwei GM-Motoren 6V71N und hydraulischer Kraftübertragung (Voith). Die Serien unterschieden sich nur in der Achsfolge. Bei der Serie 44 waren beide Achsen eines Drehgestells angetrieben, bei der Serie 45 die inneren. Die 100 km/h schnellen Triebwagen waren trotz ihres recht bescheidenen Fahrkomforts noch bis 2001 auf der Athus-Meuse-Linie im Planeinsatz.

| | |
|---|---|
| **Bauart:** | 1A'A1'dh |
| **Baujahre:** | 1954–1955 |
| **Leistung:** | 2 × 118 kW = 236 kW |
| **Länge über Puffer:** | 23.800 mm |
| **Dienstmasse:** | 54 t |
| **Stückzahl:** | 10 |

# Luxemburg

Lange Jahre dominierten in Luxemburg private Gesellschaften. Die heutige Nationale Gesellschaft der luxemburgischen Eisenbahnen entstand erst nach dem Zweiten Weltkrieg. Technisch orientierte sich Luxemburg an Frankreich, es elekrifizierte seine Strecken mit 25-kV-Wechselstrom.

Die luxemburgische Variante der Nohab-Nasenloks entstand im belgischen Werk von Anglo-Franco-Belge (AFB) sozusagen in Doppellizenz. Sowohl General Motors als auch Nohab gestatten den Bau einer Serie für die Luxemburgische und die Belgische Staatsbahn. Bereits 1994 konnte die CFL auf ihre Maschinen verzichten. Die 1602 kam in Privateigentum, die 1603 fährt seitdem auf der Vennbahn, während die 1604 zur offiziellen Museumslok der Staatsbahn mutierte. Ihrer Farbgebung wegen hießen die Loks „Kartoffelkäfer".

## Serie 1600

| Bauart: | (A1)'(A1A)' |
|---|---|
| Baujahr: | 1963 |
| Leistung: | 1170 kW |
| Länge über Puffer: | 18.900 mm |
| Dienstmasse: | 113 t |
| Stückzahl: | 4 |

| Bauart: | Bo'Bo' |
|---|---|
| Baujahr: | 1998 |
| Leistung: | 5000 kW |
| Länge über Puffer: | 19.110 mm |
| Dienstmasse: | 85 t |
| Stückzahl: | 20 |

Im Rahmen einer 80 Mehrsystemloks (3 kV Gleichstrom und 25 kV/50 Hz) umfassenden Gemeinschaftsbestellung mit den SNCB bei Alsthom beschaffte die CFL 20 Exemplare der Serie 3000 mit einer Zulassung sowohl für Frankreich als auch für Belgien. In einem Lokpool mit der fast vollständig identischen Serie 1300 der SNCB reicht ihr Einsatzgebiet im Güterverkehr von Antwerpen bis zur Schweizer Grenze bei Basel. Außerdem ziehen sie die nach Liège durchgehenden Interregiozüge auf der Nordbahn.

# Österreich

Als erste Eisenbahnlinie Österreichs gilt heute die Pferdebahnstrecke zwischen Budweis und Linz. Sie wurde in zwei Etappen 1828 und 1832 eröffnet und diente vornehmlich dem Holz- und Salztransport. Die erste österreichische Dampfbahn tangierte die Landeshauptstadt nur. Sie führte vom 17. November 1837 an von Floridsdorf bei Wien in den 13,1 Kilometer entfernt liegenden Ort Wagram.

Die Lok Nr. 4 der Zillertalbahn ist eine Vertreterin der JZ-Dampflokreihe 83, die einst vor allen Zuggattungen anzutreffen war und bis zuletzt in Bosnien im Einsatz stand. Die 83-076 war in Jugoslawien Denkmallok, bis sie vom Club 760 erworben, instand gesetzt und im Herbst 1993 langfristig an die Zillertalbahn vermietet wurde. Im Raw Meiningen erfuhr die Lok eine Hauptausbesserung und ging 1994 im Zillertal in Betrieb. Dort wird sie vor allem vor langen und schweren Zügen eingesetzt.

## Dampflok Nr. 4 (ZB)

| | |
|---|---|
| Bauart: | D1h2 |
| Baujahr: | 1909 |
| Leistung: | 148 kW |
| Länge über Puffer: | 8680 mm |
| Dienstmasse: | 38 t |
| Stückzahl: | – |

# Triebwagen 81-88 (STB)

| Bauart: | Bo'2'2'Bo' |
|---|---|
| Baujahre: | 1960–1961/1968 |
| | (Umbau) 1982–1996 |
| Leistung: | 115 kW |
| Stückzahl: | 8 |

Die 1904 eröffnete Stubaitalbahn Innsbruck–Fulpmes gilt als erste Einphasen-Wechselstrombahn der Welt. Sie war mit 2,5 kV/42 Hz elektrifiziert. Im Jahr 1982 erfolgte die Umstellung auf Gleichstrom und die Beschaffung von ehemaligen Straßenbahnwagen (DÜWAG). Bei den neuen Triebwagen der Stubaitalbahn handelte es sich um Straßenbahnwagen aus Hagen und Bielefeld. Aus Triebwagen und Mittelteilen wurden die STB-Wagen geschaffen.

# Diesellok D 10 (ZB)

| Bauart: | Bo'Bo' |
|---|---|
| Baujahr: | 1970 |
| Leistung: | 441 kW |
| Länge über Puffer: | 12.050 mm |
| Dienstmasse: | 32 t |
| Stückzahl: | 1 |

Im Zuge ihrer Rationalisierungsmaßnahmen kaufte die Zillertal-bahn eine dieselhydraulische Personen- und Güterzuglokomo-tive von den Jugoslawischen Eisenbahnen (JZ 740-007). Diese im Jahr 1970 gebaute Maschine wurde 1980 durch Umbauten an die Gegebenheiten der Zillertalbahn angepasst. Gegenüber den beiden Loks D 8 und 9 erreicht die D 10 mit 60 km/h eine höhere Maximalgeschwindigkeit. Dank ihrer höheren Leistung meistert die Lok den Rollwagenverkehr problemlos.

# Elektrolok E 3/4
# (Lokalbahn Mixnitz–St. Erhard)

Den regulären Betrieb mit Bedarfszügen erledigen auf der öster-
reichischen Lokalbahn zwischen Mixnitz und St. Erhard zwei
Elektroloks. Sie sind im Besitz des Magnesitwerks in St. Erhard.
Davon abgesehen werden die von ÖAM und BBC gebauten
Lokomotiven auch zu Verschubzwecken im Bahnhof Mixnitz-
Bärenschützklamm herangezogen.

| | |
|---|---|
| Bauart: | Bo'Bo' |
| Baujahre: | 1957/1963 |
| Leistung: | 147 kW |
| Länge über Puffer: | 9800 mm |
| Dienstmasse: | 22 t |
| Stückzahl: | 2 |

# Reihe 110

Der mit 257,8 qm Heizfläche größte in Europa gebaute Nass-
dampfkessel gehört einer österreichischen Schnellzuglok. Die
110 entstand bei Karl Gölsdorf und erreichte auf Versuchsfahrten
mühelos 118 km/h. Allerdings befriedigte die Laufkultur schon
bei Tempo 80 nicht mehr so recht, da Gölsdorf, um Gewicht zu
sparen, auf ein führendes Krauss-Helmholtz-Gestell und auf eine
Rückstellvorrichtung der Adams-Laufachse verzichtet hatte. Die
Maschinen bewältigten den Lauf Wien–Salzburg ohne Lok-
wechsel. In den zwanziger Jahren begann die Ausmusterung, die
1951 endete.

| | |
|---|---|
| **Bauart:** | 1C1n4v |
| **Baujahre:** | 1905–1912 |
| **Leistung:** | 1050 kW |
| **Länge über Puffer:** | 11.813 mm |
| **Dienstmasse:** | 63,5 t |
| **Stückzahl:** | 55 |

| Bauart: | 1Eh2 |
|---|---|
| Baujahre: | 1912–1922 |
| Leistung: | 1285 kW |
| Länge über Puffer: | 18.104 mm |
| Dienstmasse: | 81,1 t |
| Stückzahl: | 37 |

Ein langes Leben war den robusten und leistungsstarken Heiß-
dampf-Zwillingen der Reihe 580 beschert. Sowohl der ver-
dampfungsfreudige Kessel als auch das Fahrwerk überzeugten vollends. Am Semmering schleppten die Loks 310 t schwere
Schnellzüge mit 30 km/h über die Rampe. Auch am Brenner oder
vor dem Langlauf Breclav–Wiener Neustadt–Straß-Spielfeld–
Maribor machten sie eine gute Figur. Im Zweiten Weltkrieg
schleppten sie schwere Kohlezüge nach Italien. Bis 1964 waren
die soliden Maschinen im Einsatz.

# Reihe 1010

| Bauart: | Co'Co' |
|---|---|
| Baujahre: | 1955–1962 |
| Leistung: | 4000 kW |
| Länge über Puffer: | 17.860 mm |
| Dienstmasse: | 106 t |
| Stückzahl: | 20 |

Nach Aufnahme des elektrischen Betriebes zwischen Salzburg und Wien, 1952, fehlten den ÖBB leistungsfähige Schnellzugloks. Deswegen gaben die ÖBB eine neue Maschine in Auftrag, von der zwei Varianten entstanden. Die Flachlandlok erreichte 130 km/h Höchstgeschwindigkeit. Ein Versuch mit ideellem Drehzapfen missglückte; ab der 1010.004 erhielten alle Loks konventionelle Drehgestelle. In den neunziger Jahren modernisierten die ÖBB einige 1010.

# Reihe 1020 (E 94)

Von der deutschen E 94 verblieben nach Kriegsende 47 Maschinen in Österreich. Aus vorhandenen Teilen für fünf Neubauloks baute die WLF weitere drei Fahrzeuge. Die leistungsstarken Lokomotiven bildeten das Rückgrat der elektrischen Zugförderung auf den Rampenstrecken am Arlberg, Brenner und am Tauern. Auch auf der Karwendelbahn und im Außerfern schleppten sie Güterzüge. In den sechziger Jahren erhielten sie eine Hauptausbesserung mit Grundüberholung, die sie äußerlich stark veränderte. Erst 1995 konnten die ÖBB die Maschinen abstellen.

| | |
|---|---|
| **Bauart:** | Co'Co' |
| **Baujahre:** | ab 1940 |
| **Leistung:** | 3300 kW |
| **Länge über Puffer:** | 18.600 mm |
| **Dienstmasse:** | 120 t |
| **Stückzahl:** | 50 |

# Reihe 1040

Aus der 1245 entwickelten die ÖBB ihre erste Nachkriegsbaureihe. Zur Verbesserung der Laufkultur waren die Drehgestelle über eine Dreieckskupplung miteinander verbunden. Die Transformator- und Motorleistung wurde deutlich gesteigert. Zunächst bevorzugt auf der Tauernbahn eingesetzt, bewältigten die Maschinen bald einen Großteil des Güterverkehrs zwischen Salzburg und Wien. In den sechziger Jahren mussten die ÖBB die mitunter stark überlasteten Maschinen grundlegend modernisieren. Zur Jahrtausendwende endete ihr Planeinsatz.

| Bauart: | Bo'Bo' |
|---|---|
| Baujahre: | 1950 – 1953 |
| Leistung: | 2360 kW |
| Länge über Puffer: | 12.920 mm |
| Dienstmasse: | 80 t |
| Stückzahl: | 16 |

# Reihe 1042

| Bauart: | Bo'Bo' |
|---|---|
| Baujahre: | 1963–1965 |
| Leistung: | 3560–4000 kW |
| Länge über Puffer: | 16.220 mm |
| Dienstmasse: | 83,9 t |
| Stückzahl: | 60 |

Anfang der sechziger Jahre stießen vierachsige Loks in die Leistungsbereiche der sechsachsigen vor. Da vierachsige Loks eine bessere Laufkultur in engen Bögen aufweisen, orderten die ÖBB eine Maschine mit dem bewährten Gummiringfederantrieb und einem pneumatischen Achslastausgleich, der den Lokführern das Anfahren erleichterte. Bis heute schleppen die Lokomotiven Reise- und Güterzüge auf Haupt- und Nebenbahnen.

# Reihe 1045 (1170)

| Bauart: | Bo'Bo' |
|---|---|
| Baujahr: | 1927 |
| Leistung: | 1140 kW |
| Länge über Puffer: | 10.400 mm |
| Dienstmasse: | 60 t |
| Stückzahl: | 14 |

Die Ahnherrin aller österreichischen Bo'Bo'-Loks mit voll abgefederten Motoren fuhr auf der Mittenwaldbahn und der Salzkammergutbahn. Nach der deutschen Annexion Österreichs gelangten auch die Tiroler Loks in das Salzkammergut. Das Konzept mit im Drehgestell untergebrachten Motoren und Sécheron-Hohlwellenfederantrieb bewährte sich bestens. Nur nach der Erhöhung der Leistung eines Einzelmotors von 250 auf 285 kW mussten die Drehgestelle etwas verstärkt werden. 1994 endete die Geschichte der 1045 bei den ÖBB. Die Montafonerbahn setzte die Lok etwas länger ein.

# Reihe 1142

1996 führten die ÖBB im Nahverkehr Wendezüge ein. Um diese zu bespannen, rüstete man die mit Hochleistungswiderstandsbremse ausgestatteten Maschinen der Reihe 1042.5 mit einer Wendezugsteuerung aus. Das 13-polige UIC-Kabel wurde dabei zum Austausch der Daten zwischen Lok und Steuerwagen um zwei Adern erweitert. Außerdem erhielten die Loks Einrichtungen zur Türsteuerung und Zugbeleuchtung sowie Brandmelder und andere Sicherungstechnik. Neben Wendezügen schleppen die bis heute unverzichtbaren Loks Güterzüge in Doppeltraktion.

| Bauart: | Bo'Bo' |
|---|---|
| Baujahre: | 1995–1996 |
| Leistung: | 4000 kW |
| Länge über Puffer: | 16.220 mm |
| Dienstmasse: | 82,5 t |
| Stückzahl: | 67 |

# Reihe 1161 (1070.100)

| Bauart: | D |
|---|---|
| Baujahre: | 1928–1940 |
| Leistung: | 750 kW |
| Länge über Puffer: | 10.500 mm |
| Dienstmasse: | 56 t |
| Stückzahl: | 22 |

Technisch entspricht die 1161 der 1061, galt ursprünglich auch als Unterbaureihe. Die erste Serie entstand bis 1932. 1940 beschaffte die Deutsche Reichsbahn sechs Nachzügler mit Gleichstrom- statt Wechselstromschützen. Anfangs rangierten die 1061 und 1161 vornehmlich in Westösterreich. Je weiter der Fahrdraht aber vordrang, desto größer wurde ihr Einsatzgebiet. Auch im Raum Wien sowie in Villach traf man die Loks an. Die 1161 verabschiedete sich 1992.

# Reihe 1180

Um Gewicht zu sparen, erhielt die 1080 keine elektrische Bremse. Das führte bei Talfahrt häufig zu Erwärmungsschäden an den Radreifen. Als die Strecken höhere Achslasten zuließen, beschafften die BBÖ eine zunächst als Unterbaureihe eingestufte Bauart mit Widerstandsbremse und leistungsfähigeren Fahrmotoren. Anfangs schleppten die Maschinen Güterzüge über den Arlberg. Wegen ihrer geringen Höchstgeschwindigkeit wanderten sie dann in den Verschubdienst in Bregenz, Bludenz, Landeck und Feldkirch ab. Am 1. April 1993 strichen die ÖBB die letzte Lok aus den Listen.

| | |
|---|---|
| **Bauart:** | E |
| **Baujahre:** | 1927 – 1929 |
| **Leistung:** | 1305 kW |
| **Länge über Puffer:** | 12.750 mm |
| **Dienstmasse:** | 81 t |
| **Stückzahl:** | 10 |

# Reihe 1245 (1170.200)

Um die Leistungen der 1145 überbieten zu können, mussten die Hersteller die elektrische Anlage gründlich überarbeiten. Die achtpoligen Reihenschlussmotoren wichen zehnpoligen, die elektropneumatische Gleichstromschützensteuerung wies 18 statt 15 respektive 16 Fahrstufen auf. Statt auf der Westbahn, dem vorgesehenen Einsatzgebiet, fuhren die Loks anfangs vornehmlich auf der Tauernbahn. Nach dem Krieg bewältigten sie gemeinsam mit der 1020 den Großteil des elektrischen Verkehrs. Zuletzt in untergeordneten Diensten eingesetzt, verabschiedeten sie sich bis 1995.

| | |
|---|---|
| Bauart: | Bo'Bo' |
| Baujahre: | 1934–1940 |
| Leistung: | 1840 kW |
| Länge über Puffer: | 12.920 mm |
| Dienstmasse: | 83,5 t |
| Stückzahl: | 41 |

| Bauart: | (1A)′Bo(A1)′ |
|---|---|
| Baujahre: | 1928–1932 |
| Leistung: | 2350 kW |
| Länge über Puffer: | 14.460 mm |
| Dienstmasse: | 106 t |
| Stückzahl: | 34 |

Für den Bergdienst eignete sich die 1089 bestens, im Flachland war sie aber zu langsam. Deswegen beschafften die BBÖ neue Loks, zunächst die 1570, dann die leistungsstärkere 1670. Deren Doppelmotoren wirkten auf ein Kegelradgetriebe, welches das Drehmoment über eine im Hauptrahmen gelagerte Hohlwelle an die Achsen weitergab. Nach kurzer Zeit musste das Fahrwerk überarbeitet werden, da es den Lasten nicht standhielt. Danach überzeugten die 1983 ausgemusterten Loks aber rundum. Nur einige Lokführer klagten mitunter über die Motorgesänge.

# Reihe 1822

| | |
|---|---|
| **Bauart:** | Bo'Bo' |
| **Baujahre:** | 1992–1996 |
| **Leistung:** | 4400 kW |
| **Länge über Puffer:** | 19.300 mm |
| **Dienstmasse:** | 82 t |
| **Stückzahl:** | 5 |

Für den Verkehr über den Brenner ließen die ÖBB eine Zweisystemlok entwickeln, die den österreichischen Wechselstrom genauso vertrug wie den italienischen Gleichstrom. Damals rechnete man damit, dass ÖBB, DB und FS zusammen 80 Exemplare beschaffen würden. Wegen der hohen Stückkosten ging die Lok aber nie in Serie. Die Reihe 1822 wird jedoch nach wie vor im Personenverkehr zwischen Nordtirol und Osttirol eingesetzt, der über den Brenner und das Pustertal führt. Bisweilen ist sie auch vor Güterzügen in der Relation Innsbruck–Brenner zu sehen.

# Reihe 4010

Einen komfortablen, sechsteiligen Triebzug beschafften die ÖBB für den Schnellzug „Transalpin" Wien–Basel. Bei den ersten drei Zügen entstanden die eleganten Kopfteile aus Polyester. Die Verbindung zwischen dem Kunststoff und Stahl erwies sich aber damals noch als problematisch, weshalb man für die Serie wieder auf Stahl zurückgriff. In den siebziger Jahren erhielten die im internationalen und Binnenverkehr eingesetzten Züge eine Vielfachsteuerung, um in Doppeltraktion des Fahrgastandrangs Herr zu werden. Auch nach der Jahrtausendwende setzen die ÖBB die Züge ein.

| | |
|---|---|
| Bauart: | Bo'Bo'+2'2'+2'2'+2'2'+ 2'2'+2'2' |
| Baujahre: | 1964–1978 |
| Leistung: | 2500 kW |
| Länge über Puffer: | 149.100 mm |
| Dienstmasse: | 283 t |
| Stückzahl: | 29 |

# Reihe 4030

Ab Mitte der fünfziger Jahre, als der Nahverkehr in Österreich ausgebaut werden sollte, beschafften die ÖBB in größerem Umfang Elektrotriebwagen. Die 100 km/h schnellen Garnituren des 4030.0 bestanden aus Steuer-, Motor- und Zwischenwagen. Mittels Sécheron-Lamellenantrieb erfolgte die Kraftübertragung von den vier Fahrmotoren. Nach dem späteren Einbau einer Vielfachsteuerung und automatischer Türschließanlage lautete die Reihenbezeichnung 4030.3.

| | |
|---|---|
| **Bauart:** | Bo'Bo' (Triebkopf) |
| **Baujahre:** | ab 1956 |
| **Leistung:** | 1000 kW |
| **Länge über Puffer:** | 23.190 mm |
| **Dienstmasse:** | 65 t |
| **Stückzahl:** | 22 |

| Bauart: | B'B' |
|---|---|
| Baujahre: | ab 1986 |
| Leistung: | 226 kW |
| Länge über Puffer: | 18.300 mm |
| Dienstmasse: | 29 t |
| Stückzahl: | 17 |

Wenn es in den vergangenen Jahren darum ging, österreichische Schmalspurbahnen unter Fahrdraht wirtschaftlich zu betreiben, so kam die Rede oft auf den 5090. Dieser Triebzug verkehrt auf ÖBB-Strecken oft mit einem Beiwagen. Die Auslieferung erfolgte in mehreren Serien, ausgelöst durch den wachsenden Bedarf infolge von Ausmusterungen. So kam der 5090 z. B. auf der Krimmler- und der Ybbstalbahn zum Einsatz.

# Schweiz

Erst sehr spät, 1847, trat die Schweiz in den Kreis der europäischen Eisenbahnländer: Am 9. August rollte der erste Zug über die „Spanisch-Brötli-Bahn" von Zürich nach Baden.

Noch zu Zeiten der Jura-Simplon-Bahn standen die ersten de-Glehn-Maschinen der Serie A 3/5 auf den Gleisen. Ihr Schöpfer war Carl Rudolf Weyermann, der schon zuvor mit einer zweifach und einer dreifach gekuppelten Lok Akzente gesetzt hatte. Die Bundesbahnen beschafften die Verbundlokomotive in großer Stückzahl. Zwischen 1913 und 1922 installierten sie in 68 Fahrzeugen einen Überhitzer der Bauart Schmidt. Damit gelang es, die Leistungen um 10 Prozent zu steigern. Bis 1964 blieben die robusten Flachlandrenner im Dienst.

## A 3/5

| | |
|---|---|
| Bauart: | 2'Cn4v/2'Ch4v |
| Baujahre: | 1902–1909 |
| Länge über Puffer: | 18.600 mm |
| Dienstmasse: | 67 t |
| Stückzahl: | 111 |

| Bauart: | 1'Eh4v |
| --- | --- |
| Baujahre: | 1913–1917 |
| Leistung: | 994 kW |
| Länge über Puffer: | 19.195 mm |
| Dienstmasse: | 86 t |
| Stückzahl: | 28 |

Schwere Güterzüge sollte die neue Gotthard-Lokomotive der SBB schleppen, aber auch vor Schnellzügen Tempo 65 erreichen. Ein anspruchsvolles Programm also. Die beiden Baumuster arbeiteten mit einfacher Dampfdehnung und bewährten sich nicht sonderlich. Für die Serie ordneten die SBB daher den Einbau eines Verbundtriebwerks nach System von Borries mit innen liegenden Hochdruckzylindern an. Die in ihrer Schlichtheit formschönen Loks überzeugten, standen trotz guter Leistungen bald im Schatten der elektrischen Traktion. Trotzdem blieben sie bis 1968 im Bestand.

# Ae 3/6

| | |
|---|---|
| **Bauart:** | 1'Co1' |
| **Baujahre:** | 1921–1929 |
| **Leistung:** | 1450/1600 kW |
| **Länge über Puffer:** | 14.760 mm |
| **Dienstmasse:** | 93 t |
| **Stückzahl:** | 114 |

Die Ae 3/6 kann mit Fug und Recht als erste Einheits-E-Lok der Eidgenossenschaft gelten. Sie erhielt als erste Elektrolok einen modernen Einzelachsantrieb der Bauart Buchli. Somit ist sie unsymmetrisch aufgebaut. Wegen der hohen Transformatormasse benötigte sie Laufachsen an beiden Enden. Die Leistungen der zweiten und dritten, 40 und 38 Loks umfassenden Serie lagen deutlich höher als die der ersten, sodass die Höchstgeschwindigkeit von 100 auf 110 km/h wuchs. Die letzten Loks verschwanden in den neunziger Jahren von der Strecke.

# Ae 4/4

Bahngeschichte schrieb die BLS mit der Beschaffung der ersten laufachslosen Drehgestell-Schnellzuglok der Welt. SLM und BBC konzipierten eine hochleistungsfähige Maschine mit dem neu entwickelten BBC-Scheibenantrieb. Die Widerstände der elektrischen Bremse fanden auf dem Dach Platz, weshalb die Loks nur einen Stromabnehmer erhielten. Vom ersten Betriebstag an voll einsatzfähig, sind einige Ae 4/4 immer noch im Einsatz. Vier Maschinen wurden in Loks der Serie Ae 8/8 umgebaut.

| Bauart: | Bo'Bo' |
|---|---|
| Baujahre: | 1944 – 1955 |
| Leistung: | 2940 kW |
| Länge über Puffer: | 20.260 mm |
| Dienstmasse: | 80 t |
| Stückzahl: | 8 |

# Ae 4/7

Der einseitig angebrachte Buchli-Antrieb verlieh den Loks der
Serie Ae 4/7 ein eigenwilliges Aussehen. Technisch war er zwar
kompliziert, aber trotzdem robust. Nur die Radsatzlager bereiteten Probleme, bis die SBB in den sechziger Jahren die Gleit-
durch Rollenlager ersetzten. Die Maschinen schleppten Reise-
wie Güterzüge. In den sechziger Jahren wanderten sie ins Mittel-
und Flachland ab, da moderne und leistungsstärkere Loks bereitstanden. 1964 erhielten die Ae 4/7 eine Vielfachsteuerung, um
Güterzüge in Doppeltraktion fördern zu können. Sie blieben bis
1996 im Einsatz.

| Bauart: | 2'D1' |
|---|---|
| Baujahre: | 1927–1933 |
| Leistung: | 2300 kW |
| Länge über Puffer: | 16.760 mm |
| Dienstmasse: | 118–123 t |
| Stückzahl: | 127 |

# Ae 6/6 Serienausführung

| Bauart: | Co'Co' |
| --- | --- |
| Baujahre: | 1955 – 1966 |
| Leistung: | 4300 kW |
| Länge über Puffer: | 18.400 mm |
| Dienstmasse: | 120 t |
| Stückzahl: | 118 |

Die Serienlokomotiven der Reihe bewältigten dank seitenver-
schiebbarer äußerer Achsen im Drehgestell die engen Bögen
auf den Rampenstrecken ohne Schwierigkeiten. Auch die Masse-
einsparung von immerhin vier Tonnen verbesserte das Laufver-
halten der Loks. Erhöhte Bogengeschwindigkeiten, wie sie der
Re 4/4 I zugestanden wurden, konnte die Ae 6/6 allerdings nicht
vorweisen. Zunächst schleppte sie Reise- wie Güterzüge über den
Gotthard. Mit Erscheinen der Re 4/4 wanderte die Ae 6/6 in das
Mittelland und in den Jura ab, wo sie bis heute tätig ist. Die ersten
25 Loks schmückt ein, wie die Schweizer sagen, „Schnautz", ein
feiner Chromzierrat.

# Ae 6/8 BLS

| Bauart: | 1'Co+Co1' |
|---|---|
| Baujahre: | 1926–1943 |
| Leistung: | 3308–4412 kW |
| Länge über Puffer: | 20.260 mm |
| Dienstmasse: | 140 t |
| Stückzahl: | 8 |

1913 war die Be 5/7 der BLS die stärkste Lok der Welt. 1920 ging ihr bereits die Puste aus. Zu schwer waren die Züge geworden, 600-t-Kohlezüge über den Berg zu bringen, gelang nur noch in Doppeltraktion. Die BLS beschafften daher leistungsstärkere Maschinen, die dank 75 km/h Höchstgeschwindigkeit auch Schnellzüge schleppen konnten. Sie reizten die von der damaligen Bremstechnik gesetzten Grenzen voll aus. Als die durchgehende Druckluftbremse eingeführt wurde, konnte die Ae 6/8 schwerere Züge schleppen. Bis Ende der neunziger Jahre setzte die BLS die Loks planmäßig ein.

# Ae 8/14 11801

Statt Einzelloks in Mehrfachtraktion wollten die SBB in den dreißiger Jahren Doppelloks vor Güterzüge spannen. Diese erschie-
nen billiger, mussten doch Einzelloks mangels verfügbarer Vielfachsteuerung jeweils mit Personal besetzt werden. Die erste Lok entsprach technisch zwei Rücken an Rücken gekuppelten Ae 4/7,
deren zweiter Führerstand entfernt wurde. Die Laufräder fanden
zwischen den Treibradgruppen Platz. Heute gehört die Lok zum
Museumsbestand der SBB.

| | |
|---|---|
| Bauart: | (1'A)A1A(A1')+ |
| | (1'A)A1A(A1') |
| Baujahr: | 1931 |
| Leistung: | 5400 kW |
| Länge über Puffer: | 34.000 mm |
| Dienstmasse: | 246 t |
| Stückzahl: | 1 |

# Ce 6/8 II

Anfang 1922 stand der Gotthard auf ganzer Strecke unter Strom. Den schweren Güterzugdienst bewältigten urige Loks mit Antrieb über Blindwelle und Dreieckstange. Wegen ihres Äußeren, aber auch des nickenden Laufs wegen erhielten die Loks bald den Spitznamen „Krokodil" und erlangten eine ungemeine Popularität. Die fest gekuppelten Fahrwerksgruppen ruhten in beweglichen Vorbauten.

| | |
|---|---|
| **Bauart:** | (1'C)(C1') |
| **Baujahre:** | 1920–1922 |
| **Leistung:** | 1650 kW |
| **Länge über Puffer:** | 19.460 mm |
| **Dienstmasse:** | 128 t |
| **Stückzahl:** | 33 |

| Bauart: | Bo'Bo' |
|---|---|
| Baujahre: | 1964–1983 |
| Leistung: | 4990 kW |
| Länge über Puffer: | 15.100 mm |
| Dienstmasse: | 80 t |
| Stückzahl: | 35 |

Eine mit moderner Halbleitertechnik arbeitende Steuerung erhielt die Universallok der BLS-Serie Re 4/4. Wellenstrommotoren ersetzten die Reihenschlussmotoren. Auf die in der 261 erprobte stufenlose Thyristorsteuerung verzichtete die BLS bei den Serienmaschinen. Die seitenverschiebbaren Achsen verbesserten die Laufkultur im Bogen, sodass größere Geschwindigkeiten erreichbar waren. Mit 80 km/h brachten die Maschinen 630 t schwere Züge über den Berg. In Doppeltraktion schleppten sie 1300 t. Mehr lassen die Kupplungen auch nicht zu. Bis heute gehören die Re 4/4 zum Bestand der BLS.

# Re 4/4 IV

Eine stufenlose Thyristorsteuerung, aber auch Wellenstrommotoren arbeiten in der Re 4/4 IV. Damit geriet die Maschine in die Übergangsphase von herkömmlicher Wechselstrom- zu moderner Drehstromtechnik. Statt einer Serie beschafften die SBB die Reihe 460. Trotz guter Leistungen waren die Baumuster bei den SBB ungern gesehen. Deshalb gingen sie gern auf ein Angebot der SOB ein, die Loks gegen vier Re 4/4 III zu tauschen. Bei den SOB ist man mit den robusten, vielfältig einsetzbaren Loks, deren Zugkraft gute 300 kN beträgt, zufrieden.

| Bauart: | Bo'Bo' |
|---|---|
| Baujahr: | 1982 |
| Leistung: | 5050 kW |
| Länge über Puffer: | 15.800 mm |
| Dienstmasse: | 80 t |
| Stückzahl: | 4 |

# Re 6/6 Serienausführung

| Bauart: | Bo'Bo'Bo' |
| --- | --- |
| Baujahre: | 1972–1980 |
| Leistung: | 7900 kW |
| Länge über Puffer: | 19.310 mm |
| Dienstmasse: | 120 t |
| Stückzahl: | 87 |

Nach der erfolgreichen Erprobung der Vorserienmaschinen beschafften die SBB eine Großserie. Auf das in zwei Baumustern erprobte horizontale Gelenk in der Lokkastenmitte verzichtete man aber, da die weichere Abfederung des mittleren Drehgestells für die laufruhige Bewältigung von Neigungswechseln ausreichte. Die leistungsstarken Loks übernahmen den Verkehr am Gotthard, fuhren aber auch im Mittelland. Bis heute stehen sie im Einsatz.

# Re 460 SBB

| Bauart: | Bo'Bo' |
| --- | --- |
| Baujahre: | 1991 – 1996 |
| Leistung: | 4700 kW |
| Länge über Puffer: | 18.500 mm |
| Dienstmasse: | 80 t |
| Stückzahl: | 119 |

Bei der 460 verzichteten die SBB auf Baumuster. Stattdessen entstand die Lok vollständig am Computer. Lediglich einzelne Komponenten wurden in vorhandenen Fahrzeugen erprobt. Dank des Einsatzes bereits bewährter Technik ließen sich die Kinderkrankheiten schnell überwinden. Vor allem die Steuersoftware legte die Loks oft lahm. Vor Reisezügen sieht man die für 230 km/h zugelassenen Loks ebenso wie in Mehrfachtraktion vor Güterzügen. Dank radial verschiebbarer Achsen durchfahren die Maschinen auch enge Bögen problemlos. Künftig schleppen sie nur noch Personenzüge.

# ABe 4/4 RhB

Der ABe 4/4 der RhB gilt als erster Schweizer Schmalspurtrieb-
wagen für Wechselstrom. Mit 65 statt wie bisher 45 km/h rausch-
ten die neuen Züge über die Bündner Schienen, weshalb sie bald
„Fliegende Rhätier" hießen. 1983/84 modernisierte die RhB die
in den Nahverkehr abgewanderten Züge und stattete sie mit
einer Vielfachsteuerung aus.

| | |
|---|---|
| **Bauart:** | Bo'Bo' |
| **Baujahr:** | 1939 |
| **Leistung:** | 440 kW |
| **Länge über Puffer:** | 18.000 mm |
| **Dienstmasse:** | 40 t |
| **Stückzahl:** | 4 |

# X rot d RhB 9213

Die Dampfschneeschleuder X rot d 9213 der RhB ist die letzte und dazu auch noch betriebsfähige Vertreterin ihrer Art in Europa. Der Buchstabe X steht für „Dienstfahrzeug", rot bedeutet „Rotationsschneeschleuder" und das Kürzel d weist die Maschine als „dampfgetriebenes" Fahrzeug aus. Ihre spektakulären Einsätze am Bernina locken stets viele Besucher an.

| | |
|---|---|
| **Bauart:** | C–C |
| **Baujahre:** | 1910 |
| **Leistung:** | 221 kW (Antrieb)/ |
| | 368 kW (Schneepflug) |
| **Länge:** | 13.870 mm |
| **Dienstmasse:** | 64 t |

Die 1923 eröffnete Centovallibahn Locarno – Domodossola wird gemeinschaftlich von der schweizerischen FART und der italienischen SSIF betrieben.

Diese internationale, 52 Kilometer lange Bahnstrecke verläuft abenteuerlich trassiert durch Schluchten und Täler. Zum Einsatz kommen zweiteilige, 640 kW leistende Niederflurtriebwagen vom Typ ABe 4/6 und Ae 4/6 aus dem Jahr 1992. Daneben gehören die Doppelgelenktriebzüge ABe 8/8 (oben) von 1959 sowie deren kürzere Varianten ABe 6/6 (unten), beschafft 1963 und 1968, jeweils zum Bestand der Betreiberfirmen FART/SSIF.

# Frankreich

1837 trat Frankreich in den Kreis der Eisenbahnländer. Die erste Strecke führte von Paris in das 19 Kilometer entfernte St. Germain.

Frankreich gehört zu den Ländern, in denen sich Privatbahnen am längsten, fast 100 Jahre lang, halten konnten. Erst 1937 trat die SNCF in das Leben. Schlagzeilen schrieb die Staatsbahn mit technischen Hochleistungen. Bereits 1955 erreichte eine Lokomotive mehr als 300 km/h. Aus den Gasturbinenzügen erwuchsen Hochgeschwindigkeitsfahrzeuge, die TGV.

Aus der Reihe BB 15000 leitete die französische Staatsbahn eine Variante ab, die im Gleichstromnetz fahren konnte. Die für den Güterverkehr gedachten Maschinen erreichen Tempo 100, die Schnellzugloks 160 km/h Spitzengeschwindigkeit. Besonders am Frejus sind oft zwei Loks in Vielfachsteuerung vor schweren Transitgüterzügen nach Italien zu sehen. In Modane übernehmen dann Lokomotiven der FS die schwere Fracht.

## BB 7200

| | |
|---|---|
| Bauart: | B'B' |
| Baujahre: | 1976–1985 |
| Leistung: | 4400 kW |
| Länge über Puffer: | 17.480 mm |
| Dienstmasse: | 86 t |
| Stückzahl: | 240 |

Die Elektroloks der Reihe BB 25000 können unterschiedliche Stromsysteme nutzen. 121 Exemplare entstanden 1964 bis 1977 aus der Gleichstromlok BB 9200 und der Wechselstromlok BB 16000 in zwei Varianten. Die Loks erbringen eine Leistung von 4130 kW und wiegen 84 bzw. 87 t.

Vertreterinnen dieser Reihe sind in den französischen Alpen unterwegs, wie die BB 25175 bei Albertville oder die BB 25194 bei St. Gervais. Unten ist die Mehrsystemlok BB 20203 in Basel zu sehen. Die 2940 kW starke und 80 t schwere Lok verträgt neben dem französischen auch das Schweizer Wechselstromsystem. Gebaut wurde sie 1969 bis 1970.

# BB 26000

| Bauart: | B'B' |
|---|---|
| Baujahre: | 1988–1998 |
| Leistung: | 5600 kW |
| Länge über Puffer: | 17.710 mm |
| Dienstmasse: | 90 t |
| Stückzahl: | 264 |

Statt wie beispielsweise die DB auf Asynchronmotoren setzte die SNCF anfangs auf Drehstrom-Synchronmotoren. Deren Ankerwicklungen müssen zusätzlich über Bürsten und Schleifringe mit Strom versorgt werden. Die Neubauloks mit den bewährten einmotorigen Drehgestellen erreichen vor 750-t-Zügen 200 km/h. Da sie in beiden Stromsystemen verkehren, erhielten sie die Bezeichnung „Sybic", das Kürzel für „Synchrone Bicourant". Ab 1997 entstand die modernisierte Variante der Sybic, die BB 36000.

# TGV Duplex

Auf manchen Relationen reichten die Kapazitäten einer TGV-Einheit nicht aus. Teilweise setzten die SNCF daher TGV-Einheiten in Doppeltraktion ein. Um diesen weniger wirtschaftlichen Betrieb minimieren zu können, entwickelte die SNCF einen TGV mit Mittelwagen in Doppelstockbauweise. Auf diese Weise gelang es, die Sitzplatzkapazität um 40 Prozent zu erweitern, obwohl der TGV Duplex nur acht Mittelwagen aufweist.

| | |
|---|---|
| **Bauart:** | Bo'Bo'; Wagen mit Jakobs-Drehgestellen verbunden |
| **Baujahre:** | 1996–1998 |
| **Leistung:** | 8800 kW |
| **Länge über Puffer:** | 200,19 m |
| **Dienstmasse:** | 424 t |
| **Stückzahl:** | 30 |

# TGV Eurostar

| Bauart: | Triebkopf Bo'Bo'; Wagen mit Jakobs-Drehgestellen verbunden |
|---|---|
| Baujahre: | 1993–1994 |
| Leistung: | 12.240 kW |
| Länge über Puffer: | 393,72 m |
| Dienstmasse: | 816 t |
| Stückzahl: | 16 |

Für den Tunnel unter dem Ärmelkanal entwickelte die SNCF eine weitere Bauart des TGV, da in Großbritannien die Strecken mit 750 V Gleichstrom elektrifiziert sind. Auch das Lichtraumprofil ist etwas kleiner, weshalb die Innenraumbreite von 2,9 auf 2,81 m sank. Erstmals setzte die SNCF beim Eurostar auf moderne Drehstrom-Asynchronmotoren. Wie der TGV Atlantique erreicht der Eurostar auf entsprechend ausgebauten Strecken 300 km/h Spitzengeschwindigkeit.

# TGV Thalys

Für die Hochgeschwindigkeitsstrecke Paris–Brüssel–Amsterdam/Köln stellte die SNCF eine weitere Bauart des Train à Grande Vitesse in Dienst. Er ist dem Strom- und Zugsicherungssystem der vier durchfahrenen Länder angepasst. Äußerlich fällt er durch seinen weinroten Lack ins Auge. Die hochkomfortable Verbindung wird von den Fahrgästen recht gut genutzt, sodass sich das Angebot für die beteiligten Bahnen rentiert und in Zukunft sicherlich ausgebaut wird.

| | |
|---|---|
| **Bauart:** | Triebkopf Bo'Bo'; Wagen mit Jakobs-Drehgestellen verbunden |
| **Baujahre:** | 1996–1997 |
| **Leistung:** | 8800 kW |
| **Länge über Puffer:** | 200,19 m |
| **Dienstmasse:** | 424 t |
| **Stückzahl:** | 16 |

# CC 72000

Die sechsachsigen Lokomotiven der Reihe CC 72000 sind als Universalfahrzeuge entwickelt worden. Sie kommen sowohl im Personen- als auch Güterverkehr zum Einsatz und sind mit einem 16-Zylinder-Dieselmotor mit Luftkühlung ausgerüstet. Ihre Höchstgeschwindigkeit beträgt, je nach Einsatzart, 85 bzw. 160 km/h.

| | |
|---|---|
| Bauart: | C'C' |
| Baujahre: | 1967–1974 |
| Leistung: | 2250 kW |
| Länge über Puffer: | 20.190 mm |
| Dienstmasse: | 114 t |
| Stückzahl: | 92 |

In den französischen Alpen gibt es interessante Triebfahrzeuge auf spektakulär trassierten Gebirgsstrecken zu entdecken.

Auf der meterspurigen, privaten La-Mure-Bahn (oben) verkehren Gleichstromloks (2400 V) aus den zwanziger Jahren. In luftige Höhen transportieren die Zahnrad-Triebwagen vom Typ Beh 4/4 der Tramway du Montblanc fußfaule Wanderer (unten).

# Italien

Erst kurz vor dem Ende der dreißiger Jahre des 19. Jahrhunderts fuhr der erste Zug in Italien. Er verband Neapel mit dem acht Kilometer entfernten Portici.

Verschiedene Hersteller im In- und Ausland, unter anderem Breda, Ansaldo und Henschel, lieferten im zweiten Jahrzehnt des 20. Jahrhunderts leistungsstarke Personenzugloks, die von den FS später als Reihe 740 klassifiziert wurden. Sie verfügten über eine Walschaerts-Steuerung. Ihr Kessel speicherte den Dampf mit 12 bar Druck. Ihre Höchstgeschwindigkeit von 65 km/h reichte für die geforderten Leistungen aus.

## Reihe 740

| | |
|---|---|
| Bauart: | 1'Dh2 |
| Baujahre: | 1911–1922 |
| Leistung: | 720 kW |
| Länge über Puffer: | 11.040 mm |
| Dienstmasse: | 66,5 t |
| Stückzahl: | 470 |

| Bauart: | Bo'Bo' |
|---|---|
| Baujahre: | 1982 – 1985 |
| Leistung: | 1120 kW |
| Länge über Puffer: | 24.780 mm |
| Dienstmasse: | 55 t |
| Stückzahl: | 87 |

Der Triebwagen ALe 724 ist mit einer elektrischen Bremsvorrichtung mit Energierückgewinnung ausgerüstet sowie einem internen Transformator zur Umspannung von 3000 V Gleichstrom auf 380 V/50 Hz Wechselstrom. Das Fahrgestell ist aus Leichtmetall gefertigt. Der Triebwagen besitzt eine sekundäre Luftfederung und eine automatische Kupplung. Zur Zeit werden 20 Züge, die im U-Bahnbetrieb Neapel fahren, umgebaut. Diese Variante weist nur die Hälfte der Sitzplätze auf.

# Reihe ALe 840

| Bauart: | Bo'Bo' |
|---|---|
| Baujahre: | 1949–1954 |
| Leistung: | 600 kW |
| Länge über Puffer: | 20.000 mm |
| Dienstmasse: | 58 t |
| Stückzahl: | 73 |

Zu den Klassikern auf italienischen Schienen gehören die für den Nahverkehr im Gleichstromnetz beschafften Triebwagen der Reihe ALe 840, zu denen die Beiwagen der Reihe Le 840 gehören. Dem Stil seiner Zeit entsprechend zeigt sich der Triebwagen bauchig. Trotz der recht niedrig erscheinenden Motorleistung erreichte er bis zu 150 km/h Spitzengeschwindigkeit. Unterwegs waren die Züge als drei- oder vierteilige Einheiten.

# Reihe D 345

In allen Diensten anzutreffen ist heute die 130 km/h schnelle Diesellokomotive der Baureihe D 345. Die einzelnen Serien verfügen über unterschiedliche Einrichtungen für die Wendezug- und Vielfachsteuerung. Drei Vertreterinnen dieser Baureihe wurden 1996 an die Südostbahn in Bari vermietet. Mit einer Höchstgeschwindigkeit von 130 km/h eignen sich die Loks für Einsätze auf Haupt- und Nebenbahnen.

| | |
|---|---|
| **Bauart:** | B'B'de |
| **Baujahre:** | 1974 – 1979 |
| **Leistung:** | 990 kW |
| **Länge über Puffer:** | 13.240 mm |
| **Dienstmasse:** | 64 t |
| **Stückzahl:** | 145 |

# Reihe E 424 N

Auch wenn die Fahrzeuge mehr als ein halbes Jahrhundert auf dem Buckel haben, können die FS nicht auf die leistungsfähigen Loks verzichten. Bereits in den achtziger Jahren unterzogen sie eine Reihe Maschinen einer Überholung. Dabei wurden unter anderem die für die Baureihe charakteristischen Gepäckräume beseitigt. Für den Einsatz vor Wendezügen im Regionalverkehr erhielten die Loks das 78-polige Kabel der Wendezugsteuerung.

| | |
|---|---|
| Bauart: | Bo'Bo' |
| Baujahre: | 1986–1993 (Umbau) |
| Leistung: | 1500 kW |
| Länge über Puffer: | 15.500 mm |
| Dienstmasse: | 72 t |
| Stückzahl: | 105 |

# Reihe E 464

| | |
|---|---|
| **Bauart:** | Bo'Bo' |
| **Baujahre:** | 1999–2002 |
| **Leistung:** | 3000 kW |
| **Länge über Puffer:** | 15.750 mm |
| **Dienstmasse:** | 72 t |
| **Stückzahl:** | 140 |

Eine hochmoderne Lokomotive stellten die FS mit der E 464 für den Nahverkehr in Dienst. Die Maschinen fahren ausschließlich vor Wendezügen, weshalb sie nur einen Führerstand erhielten. Um sie flexibel einsetzen zu können, verfügen sie sowohl über die Wendezugeinrichtungen mit dem 78-poligen italienischen Kabel als auch mit dem 18-poligen UIC-Kabel. Neben der automatischen Kupplung haben sie einen Zughaken, um sie mit konventionellen Fahrzeugen zusammenführen zu können.

# Reihe E 632

| Bauart: | B'B'B' |
|---|---|
| Baujahre: | 1980 – 1987 |
| Leistung: | 4200 kW |
| Länge über Puffer: | 17.800 mm |
| Dienstmasse: | 103 t |
| Stückzahl: | 65 |

Einen 1000 t schweren Schnellzug mit 160 km/h in der Ebene zu schleppen und 800 t am Haken in 10 bis 15 ‰ Steigung auf 100 km/h zu beschleunigen – diese Anforderungen stellte die FS an die Schnellzuglok. Größeren Wert als auf moderne Technik legte die Staatsbahn auf großzügig gestaltete Führerstände. Auf Gefällestrecken verzögert die Widerstandsbremse wirkungsvoll. Die mit Wendezugsteuerung ausgestatteten Loks sind bis heute im Einsatz.

# Reihe E 645

Als Weiterentwicklung des Modells E 636 entstand die E 645. In ihr arbeiteten anstatt Einzel- Zwillingsmotoren. Deren Leistungsabgabe war zwar für sich genommen gleich hoch. Die Doppelmotorisierung erbrachte jedoch einen gewaltigen Zuwachs, der sich insbesondere auf den Alpenstrecken bemerkbar machte. Fünf Lokomotiven fuhren zeitweise als E 646 mit 140 statt 120 km/h Höchstgeschwindigkeit. Seit dem Rückbau gehören sie wieder zur Reihe E 645, die heute ausschließlich Güterzüge bespannt.

| Bauart: | Bo'Bo'Bo' |
|---|---|
| Baujahre: | 1959–1960 |
| Leistung: | 3780 kW |
| Länge über Puffer: | 18.250 mm |
| Dienstmasse: | 112 t |
| Stückzahl: | 32 |

# Reihe E 652

Als Weiterentwicklung der E 632 und 633 entstand die E 652. Sie erhielt eine vollelektronische Steuerung sowie leistungsfähigere Motoren, die bis zu 2200 V Spannung vertrugen. Einer Rekuperationsbremse verweigerte die FS ihre Zustimmung. Die leistungsstarken Loks sind in Mailand, Turin und Verona beheimatet. Sie schleppen Güterzüge über die Brennerlinie, die Mont-Cenis-Bahn und auf der Rollbahn von Venedig über Udine nach Tarvis.

| | |
|---|---|
| Bauart: | B'B'B' |
| Baujahre: | 1989–1994 |
| Leistung: | 5100 kW |
| Länge über Puffer: | 17.800 mm |
| Dienstmasse: | 106 t |
| Stückzahl: | 175 |

# Reihe E 656

| Bauart: | Bo'Bo'Bo' |
|---|---|
| Baujahre: | 1975–1987 |
| Leistung: | 4200 kW |
| Länge über Puffer: | 13.250 mm |
| Dienstmasse: | 120 t |
| Stückzahl: | 400 |

In allen Diensten des Reisezug- und Güterverkehrs fahren heute die sechsachsigen E 656 mit geteiltem Lokkasten. Die ersten Serien erhielten für die Hilfsbetriebe einen Umformer mit 180 W Leistung. Mit zwei Umformern, die jeweils 120 W abgaben, rüsteten die FS die letzte Serie aus. Die Lokomotiven verkehren ausschließlich auf den mit Gleichstrom elektrifizierten Strecken. In einigen Maschinen wurden Klimaanlagen im Führerhaus eingebaut.

# Baureihe ETR 400

| Bauart: | (1Ao)(Ao1)(1Ao)(Ao1)+ |
|---|---|
| | (1Ao)(Ao1) (1Ao)(Ao1) |
| Baujahr: | 1976 |
| Leistung: | 1800 kW |
| Länge: | 105.900 mm |
| Dienstmasse: | 161 t |
| Stückzahl: | 1 |

Weltweit der erste Neigezug, der für den planmäßigen Passagiertransport eingesetzt wurde. Prototyp aller Pendolini mit 10 Grad Schwankungsbreite, zugelassen für 250 km/h. Dieser Zug ermöglichte es, mit relativ begrenzten finanziellen Mitteln das Tempo auf dem italienischen Streckennetz um 35 Prozent zu steigern. Ausgestattet mit Bordrestaurant und Bar.

# Reihe ETR 500

Der futuristisch gestaltete ETR 500 besteht aus zwei Triebköpfen, die als Lokomotiven eingereiht werden, sowie aus elf Zwischenwagen. Die erste Serie mit den Triebköpfen E 404.100 verträgt nur 3 kV Gleichstrom. Der ETR 500 mit den Triebköpfen E 404.500 verkehrt unter Gleichstromfahrleitungen mit 3 und 1,5 kV Spannung – unter letzterer mit verringerter Leistung – sowie auf Strecken, deren Fahrleitungen Wechselstrom mit 25 kV und 50 Hz führen. Beide Varianten erreichen Tempo 300.

| | |
|---|---|
| **Bauart:** | Bo'Bo'+11×2'2'+Bo'Bo' |
| **Baujahre:** | 1995–2001 |
| **Leistung:** | 8800 kW |
| **Länge:** | 327.600 mm |
| **Dienstmasse:** | 602 t |
| **Stückzahl:** | 30 + 30 |

# Norwegen

Im dünn besiedelten Norwegen spielt die Eisenbahn keine allzu große Rolle. Der Schienenverkehr konzentriert sich auf den Süden sowie auf Verbindungen zwischen Süd- und Mittelnorwegen.

Mitte der siebziger Jahre entschieden die NSB, eine Universallok auf der Basis der schwedischen Rc 4 zu beschaffen. Die El 16 ersetzte unter anderem die El 13 und 14 im Fernzugdienst, schleppte aber auch Güterzüge. Eine Maschine, die 2209, absolvierte Anfang 1982 Vorführfahrten in Österreich. Die 140 km/h schnellen Loks werden auf absehbare Zeit im Bestand der NSB bleiben.

| Reihe El 16 NSB | |
|---|---|
| Bauart: | Bo'Bo' |
| Baujahre: | 1977–1984 |
| Leistung: | 4440 kW |
| Länge über Puffer: | 15.520 mm |
| Dienstmasse: | 80 t |
| Stückzahl: | 17 |

| Bauart: | Co'Co'de/(A1)(A1A)de |
|---|---|
| Baujahre: | 1954–1969 |
| Leistung: | 1305 kW |
| Länge über Puffer: | 18.600/18.900 mm |
| Dienstmasse: | 102,2/103,8 t |
| Stückzahl: | 32 + 3 |

In zwei Varianten beschafften die NSB Rundnasen von Nohab.
Die meisten Maschinen hatten sechs, drei nur vier angetriebene
Achsen. Mitte der neunziger Jahre wollten die NSB sie ausmus-
tern. Mit hochwertiger Technik vollgestopft, zeigten sich die
Ersatzloks dem rauen Alltag aber nicht gewachsen. Die NSB
spendierten den Di 3 weitere Untersuchungen. Inzwischen steht
eine weitere Ablösung für die Veteraninnen aus den fünfziger
Jahren bereit. Sie scheint dem widrigen Klima im Lande angepasst zu sein, sodass es mit den Di 3 nun wohl doch zu Ende geht.

# Schweden

In Skandinavien war Schweden sozusagen der Spätzünder: Erst 1856 begann das Eisenbahnzeitalter. Um den Willen, an die Moderne anzuschließen, zu unterstreichen, entstanden gleich zwei Strecken zeitgleich. Am 1. September 1856 dampften die Eröffnungszüge von Malmö ins 17 Kilometer entfernte Lund und von Göteborg nach Jonsered.

Die ersten Zweiereinheiten der schwedischen Dm wurden 1953 gebaut. Nach und nach lösten diese 190 t schweren Doppeleinheiten die älteren Lokomotiven auf der Erzbahn Luleå–Narvik ab. Von 1960 bis 1970 ging man auf Dreiereinheiten über, indem eine führerstandslose, vierachsige Stangenlok Dm 3 eingefügt wurde. Einige dieser Riesenlokomotiven sind heute noch im Einsatz.

## Dm, Dm 3 der SJ

| | |
|---|---|
| Bauart: | 1'D+D1'/1'D+D+D1' |
| Baujahre: | 1953–1971 |
| Leistung: | 4800/7200 kW |
| Länge über Puffer: | 25.100/35.250 mm |
| Dienstmasse: | 190/273 t |
| Stückzahl: | 39 (Doppeleinheiten) |

| Bauart: | Bo'Bo' |
|---|---|
| Baujahre: | ab 1985 |
| Leistung: | 3600 kW |
| Länge über Puffer: | 15.520 mm |
| Dienstmasse: | 78 t |
| Stückzahl: | 63 |

Mit der Rc 6 schlossen die SJ die Lieferung von Thyristorloks ab. Nach der Rc 2 folgten zehn Rc 3 für 160 km/h, dann die Rc 4 und Rc 5 für 135 km/h. Die Rc 6 erreichen wiederum 160 km/h. Einige Rc 5 wurden aufgrund steigenden Bedarfs an schnellen Lokomotiven in Rc 6 umgebaut.

# X 21 der TGOJ

Die schwedische Privatbahn TGOJ verfügte über zehn Züge des Typs X 21. Bei ihnen handelte es sich um zweiteilige Einheiten, bestehend aus Motor- und Steuerwagen. Jeder Wagen war 16.570 mm lang. 1958/59 lieferten Asea und Hilding Carlsson diese Fahrzeuge.

| | |
|---|---|
| **Bauart:** | (1A)(A1)+2'2' |
| **Baujahre:** | 1958–1959 |
| **Leistung:** | 170 kW |
| **Länge über Puffer:** | 33.140 mm |
| **Dienstmasse:** | 34,9 t |
| **Stückzahl:** | 10 |

| Bauart: | B |
|---|---|
| Baujahre: | 1961–1968 |
| Leistung: | 265 kW |
| Länge über Puffer: | 9360 mm |
| Dienstmasse: | 28 t |
| Stückzahl: | 102 |

Für den Rangierdienst erhielten die SJ von 1961 bis 1968 insgesamt 102 Lokomotiven des Typs Z 65. Die Fahrzeuge waren mit einem Rolls-Royce-Motor von 265 kW Leistung ausgestattet. Die Motoren wurden zum Teil durch andere Fabrikate ersetzt. Einige dieser Lokomotiven gingen an Banverket über, die staatliche Infrastrukturbehörde, die nach der schwedischen Bahnreform entstand.

# Y 6 SJ

| Bauart: | B'2'dm |
|---|---|
| Baujahre: | ab 1953 |
| Leistung: | 145 kW |
| Länge über Puffer: | 17.550 mm |
| Dienstmasse: | 19 t |
| Stückzahl: | 250 |

Mit den leichten Triebwagen der Gattung Y 6 stellten die SJ in den
fünfziger Jahren den Betrieb auf zahlreichen schwach belaste-
ten Strecken auf Dieseltraktion um. Durch ihre Drehgestellbau-
weise erreichten die Fahrzeuge Geschwindigkeiten von immerhin
115 km/h, was mit zweiachsigen Schienenbussen nicht möglich ge-
wesen wäre. Die Triebwagen konnten mit Beiwagen gekuppelt
werden.

# X 2000 der SJ

Im etwas dichter besiedelten Süden von Schweden bieten die Staatsbahnen Schnellverkehr an. Dafür stellten sie einen Triebzug in Dienst, dessen Wagen über die Einrichtungen für die Neigetechnik verfügen. Der Triebkopf legt sich dagegen nicht in die Kurve. Moderne Halbleiterelektronik arbeitet den Strom der Fahrleitung für die Drehstrom-Asynchronmotoren auf. Die wichtigste Strecke, die der X 2000 bedient, ist die Relation Stockholm – Göteborg.

| Bauart: | Bo'Bo' |
|---|---|
| Baujahre: | 1990 – 1997 |
| Leistung: | 3260 kW |
| Länge: | 17.397 mm |
| Dienstmasse: | 73 t |
| Stückzahl: | 43 |

# Dänemark

Die erste dänische Eisenbahn fuhr 1844. Die nach König Christian benannte Strecke führte von Altona nach Kiel. Beide Städte sind seit 1864 nicht mehr dänisch. Somit gilt die Strecke Kopenhagen – Roskilde (1847) als Geburtsstätte der dänischen Eisenbahn. In Schweden, Norwegen und Deutschland führen die Fahrleitungen Wechselstrom mit 15 kV Spannung. Doch die Dänen entschieden sich für Wechselstrom mit 25 kV Spannung.

Als Rekordlok kann man die kleine Dampflok bezeichnen. Kaum eine andere Maschine kann auf eine derart lange Bau- und Einsatzzeit zurückblicken. In Dänemark, Belgien, Deutschland und Italien entstanden, gibt es wohl kein Gleis, das nicht wenigstens einmal unter eine F gekommen ist. Die Lokomotiven bewährten sich in allen Diensten, weshalb es kaum verwundert, dass sie lange unverzichtbar waren. Die F 500 brachte es dabei auf 76 Plandienstjahre.

| Reihe F | |
|---|---|
| Bauart: | C |
| Baujahre: | 1898 – 1949 |
| Leistung: | 300 kW |
| Länge über Puffer: | 9170 mm |
| Dienstmasse: | 37 – 39 t |
| Stückzahl: | 120 |

| Bauart: | Bo'Bo' |
|---|---|
| Baujahre: | 1984–1986 |
| Leistung: | 4000 kW |
| Länge über Puffer: | 19.380 mm |
| Dienstmasse: | 80 t |
| Stückzahl: | 21 |

Erst in den achtziger Jahren begann die Elektrifizierung in Dänemark. Als erste Elektrolok stellten die DSB die von Henschel gebaute Ea in Dienst, über lange Jahre die einzige E-Lok-Baureihe der DSB. Zunächst auf der Küstenbahn Kopenhagen–Helsingborg, dann auf weiteren Strecken schleppte die universell verwendbare Maschine Reise- und Güterzüge. Das tut sie auch heute noch, weshalb einige Loks den DSB, andere Railion gehören. Sämtliche Loks tragen Namen von Persönlichkeiten aus Forschung, Technik und Eisenbahnwesen.

# Reihe Mx/My

| Bauart: | (A1A)(A1A)de |
|---|---|
| Baujahre: | 1954–1965 |
| Leistung: | 1047–1433 kW |
| Länge über Puffer: | 18.900 mm |
| Dienstmasse: | 90–113 t |
| Stückzahl: | 58 |

Zu den Loklegenden schlechthin zählen die Rundnasen, die der schwedische Hersteller Nohab in Lizenz nach dem Muster von GM-EMD-Maschinen fertigte. Nicht nur in Dänemark trugen sie maßgeblich zum Ende der Dampftraktion bei. Über Jahre trugen die Mehrzwecklokomotiven die Hauptlast im Fernverkehr der DSB. Diese musterten die robusten und leistungsstarken Maschinen inzwischen aus. Eine Reihe Privatbahnen nennt aber noch Rundnasen ihr eigen, beispielsweise die Arriva Tog, die sie im Westen Jütlands einsetzt.

# Reihe Mz

Als Weiterentwicklung der Mx und My lieferten Nohab und Frichs die seinerzeit leistungsstärksten dieselelektrischen Lokomotiven in Europa. Mit Zweitaktmotoren von GM ausgestattet, konnten sie alle Zuggattungen schleppen. Ihr Einsatzgebiet schrumpfte mit fortschreitender Elektrifizierung. Der Rückgang im Güterverkehr trug das seine dazu bei, dass die Loks der ersten drei Serien inzwischen ausgemustert sind. Einige Loks fahren noch für Railion. Daneben setzen Privatbahnen in Dänemark und Schweden Mz ein.

| | |
|---|---|
| **Bauart:** | Co'Co' |
| **Baujahre:** | 1967–1978 |
| **Leistung:** | 2410–2850 kW |
| **Länge über Puffer:** | 20.800–21.000 mm |
| **Dienstmasse:** | 116,5–121 t |
| **Stückzahl:** | 68 |

# Estland

Lange Zeit verfügte Estland über zahlreiche Schmalspurbahnen. Sie erschlossen das recht dünn besiedelte Land, welches gerade einmal 1,3 Millionen Einwohner zählt. Die großen Strecken entstanden in finnisch-russischer Breitspur.

Für die Schmalspurbahnen mit 750 mm Spurweite entwickelte Franz Krull die ersten in Estland gebauten Schlepptenderlokomotiven. Sie schleppten gleichermaßen Reise- und Güterzüge und erreichten eine Höchstgeschwindigkeit von 60 km/h. Während des Krieges und danach gelangten einige Maschinen nach Russland. Dort dienten sie auch als Werkloks. In die von der Sowjetunion annektierte Heimat zurückgekehrt, blieben sie bis 1962 im Einsatz. Die Lokomotivführer schätzten die nicht nur optisch hervorragend gelungene Konstruktion.

## Serie Sk

| | |
|---|---|
| Bauart: | 1'D h2 |
| Baujahre: | 1931 – 1940 |
| Leistung: | 235 kW |
| Dienstmasse: | 31,6 t |
| Stückzahl: | 16 |

| Bauart: | Co'Co'de |
|---|---|
| Baujahre: | 1971–1976 |
| Leistung: | 1460 kW |
| Länge über Puffer: | 17.400 mm |
| Dienstmasse: | 116 t |
| Stückzahl: | ca. 142 (in den baltischen Staaten) |

Selbstverständlich gelangte die legendäre Taigatrommel, gewissermaßen das Sinnbild sowjetischen Lokomotivbaus, auch auf den estnischen Breitspurstrecken zum Einsatz. Die im ukrainischen Lugansk gefertigten, so robusten wie lauten Lokomotiven schleppten vornehmlich Güterzüge. 1995 zählte Eesti Raudtee noch 34 Fahrzeuge im Lokomotivpark. Verschiedene Bahngesellschaften des Landes setzen die M 62 augenblicklich noch im Güterverkehr ein. Teilweise mussten sie der C 36-7i weichen.

# Russland

Früh begann das Eisenbahnzeitalter in Russland. Am 30. Oktober 1837 fuhr der erste Zug. Zu den wichtigsten Strecken Russlands gehört die transsibirische Eisenbahn zwischen Moskau und Wladiwostok. Sie wurde vor rund 100 Jahren eröffnet. Heute ist sie weitgehend elektrifiziert. Russland und Eisenbahninitiativen streben an, sie auf die Weltkultuturerbeliste der UNESCO zu bringen.

Die Schlepptenderloks der Baureihe L waren häufig anzutreffende Güterzugmaschinen. Ihre Achsfahrmasse betrug maximal 18 t, sodass sie auch auf schwächerem Oberbau verkehren durften. Die Höchstgeschwindigkeit lag bei 80 km/h. Die L waren für die SZD ein Standardtyp, der in großer Stückzahl gebaut wurde. Noch in den achtziger Jahren fuhren einige dieser Fahrzeuge planmäßig.

## Baureihe L

| | |
|---|---|
| Bauart: | 1'Eh2 |
| Baujahre: | ab 1947 |
| Leistung: | 1620 kW |
| Länge über Puffer: | 23.745 mm |
| Dienstmasse: | 103 t (nur Lok) |

| Bauart: | 1'C1'h2 |
|---|---|
| Baujahre: | ab 1925 |
| Leistung: | 1100 kW |
| Länge über Puffer: | 22.500 mm |
| Dienstmasse: | 86,7 t (nur Lok) |

In den zwanziger Jahren entwickelte die Lokomotivfabrik Kolomna eine Schlepptenderlok mit der Bezeichnung SU. Der Buchstabe U deutet auf die gegenüber der S aus der Zarenzeit verstärkte Ausführung hin. Ab 1925 baute man die SU in mehreren Werken in Serie. Es entstanden mehrere Tausend dieser Fahrzeuge. Mit 120 km/h konnten die SU auch vor Schnellzügen eingesetzt werden, wobei sie vor schweren Zügen mit Vorspann fahren mussten.

# Baureihe WL 8

Für ihre mit 3000 V Gleichstrom elektrifizierten Strecken baute die Sowjetunion schwere Doppelloks für den Güterverkehr, die über eine Zugkraft von 596 kN verfügen. Einige Varianten werden auch im Personenzugdienst eingesetzt. So beträgt ihre Höchstgeschwindigkeit je nach Getriebeübersetzung 80 bzw. 100 km/h.

| Bauart: | Bo'Bo'x2 |
|---|---|
| Baujahre: | ab 1953 |
| Leistung: | 3760 kW |
| Stückzahl: | 1723 |

# Baureihe 2 TE 10 L

| Bauart: | Co'Co'×2 |
| --- | --- |
| Baujahre: | ab 1962 |
| Leistung: | 4416 kW |
| Stückzahl: | 3533 |

Auch auf nicht elektrifizierten Strecken setzen die RDZ vor schweren Güterzügen mächtige Doppelloks ein, wie die 2 TE 10 L. Diesellokomotiven dieser Baureihe fahren maximal 100 km/h schnell und bringen eine Zugkraft von 750 kN auf.

# Baureihe 2 TE 116

| | |
|---|---|
| **Bauart:** | Co'Co'×2 |
| **Baujahre:** | ab 1971 |
| **Leistung:** | 4500 kW |
| **Stückzahl:** | 1700 |

Als Güterzuglokomotiven kamen 1971 die Doppeleinheiten der Baureihe 2 TE 116 heraus. Sie erreichen eine Zugkraft von 798 kN und ähneln technisch der ehemaligen Reichsbahnlok 132, die nach der Zusammenführung der Bahnen beider deutscher Staaten in den DB-Bestand übernommen wurde.

# Baureihe Tsch S 7

Die Tsch S 7 ist eine moderne Hochgeschwindigkeitslokomotive der SZD. Der Serienbau erfolgte bei Skoda in Pilsen. Jeweils zwei Tsch S 7 bilden eine 6160 kW starke Doppeleinheit. Die Fahrzeuge sind für den hochwertigen Reisezugverkehr bis 180 km/h bestimmt.

| | |
|---|---|
| **Bauart:** | Bo'Bo'+Bo'Bo' |
| **Baujahre:** | ab 1983 |
| **Leistung:** | 3080 + 3080 kW |
| **Länge über Puffer:** | 17.020 + 17.020 mm |
| **Dienstmasse:** | 86 + 86 t |
| **Stückzahl:** | 285 |

# Baureihe WL 80

Jeweils zwei Lokomotiven des Typs WL 80 bilden zusammen eine Doppeleinheit. Die einzelnen Maschinen sind mit vier angetriebenen Achsen ausgestattet. Sie erreichen 110 km/h. Lieferant der von 1963 bis 1986 gebauten Serien war das Werk in Nowotscherkassk. Die Maschinen verkehren im Wechselstromnetz der SZD unter Fahrleitungen mit 25 kV Spannung/50 Hz Frequenz.

| | |
|---|---|
| **Bauart:** | Bo'Bo'+Bo'Bo' |
| **Baujahre:** | 1963 – 1986 |
| **Leistung:** | 3160 + 3160 kW |
| **Länge über Puffer:** | 16.420 + 16.420 mm |
| **Dienstmasse:** | 92 + 92 t |
| **Stückzahl:** | 2164 |

| Bauart: | Co'Co'de |
|---|---|
| Baujahre: | ab 1963 |
| Leistung: | 993 kW |
| Länge über Puffer: | 17.240 mm |
| Dienstmasse: | 114,6 t |
| Stückzahl: | 6888 |

Der Prototyp der für die UdSSR bestimmten CME 3 stammt aus dem Jahr 1963. Zur CSD gelangten diese sechsachsigen, diesel-elektrischen Lokomotiven als T 669.0. Betrachtet man nur die bis 1989 in die UdSSR gelieferten Fahrzeuge mit den Bezeichnungen Tsch MS 3, Tsch MS 3 M, Tsch MS 3 T und Tsch MS 3 E, so lieferte CKD insgesamt 6888 Fahrzeuge. Die Tsch MS 3/T 669 dürfte die am häufigsten gebaute Lokomotive aller Zeiten sein.

# Polen

**Die polnische Eisenbahngeschichte ist eng mit der preußischen, öster-reichischen und russischen verknüpft. Erst 1916 rief Jósef Pilsudski die Unabhängigkeit des Landes aus. Mit der Westverschiebung Polens 1945 wuchs der Anteil der Strecken mit deutscher Vergangenheit.**

Nach dem Ende des Zweiten Weltkriegs verblieben in Polen drei Stück von der DRG-Baureihe 42, die man in Polen als Ty 3 ein-reihte. Die in Wolsztyn beheimatete Ty 3-2 (ex DRG 42 1427) wur-de später als Ty 43-126 bezeichnet, gemäß dem polnischen Nachbau der BR 42, dessen Reihenbezeichnung Ty 43 lautete. Ge-baut wurde die Lok 1944 in Schichau. Nach Wolsztyn gelangte sie im März 1990 nach ihrer Hauptuntersuchung und die Umzeich-nung auf die alte Nummer Ty 3-2.

### Reihe Ty 3-2 (BR 42)

| | |
|---|---|
| Bauart: | 1E |
| Baujahr: | 1944 |
| Leistung: | 1350 kW |
| Länge über Puffer: | 23.000 mm |
| Dienstmasse: | 96 t |
| Stückzahl: | 3 |

# Reihe Pt47-65

| Bauart: | 1D1 |
|---|---|
| Baujahr: | 1949 |
| Leistung: | 1200 kW |
| Länge über Puffer: | 22.975 mm |
| Dienstmasse: | 103 t |

Bei dieser Maschine handelt es sich um eine Schnellzuglok, die es auf eine Höchstgeschwindigkeit von rund 110 km/h bringt. Sie entstand in der Lokfabrik Chrzanow. Die PKP führte sie ab dem 5. August 1949 in ihren Bestandslisten. Seit 1990 fährt die Pt47-65 vom Bw Wolsztyn aus Planeinsätze. Am 10. Juli 2003 erhielt sie in Gniezno eine HU.

# Tschechien, Slowakei

Zahlreiche Loktypen fahren in Tschechien und der Slowakei gleichermaßen. Die 1918 von den Alliierten verordnete Vereinigung beider Länder führte zu einer gemeinsamen Enwicklung der Bahnen.

Die Dreizylinderlokomotiven der tschechoslowakischen Baureihe 498.1 gehören zu den herausragenden Dampflokkonstruktionen der Zeit nach 1945. Sie wurden mit der modernsten zur Verfügung stehenden Technik ausgestattet, wie z. B. mit Verbrennungskammern, Thermosyphon, Kylchap-Doppelblasrohren oder einer mechanischen Rostbeschickung. Die fünfachsigen Tender fassten 20 t Kohle.

## 498.1 CSD

| | |
|---|---|
| Bauart: | 2'D1'h3 |
| Baujahre: | ab 1954 |
| Leistung: | 1840 kW |
| Länge über Puffer: | 25.569 mm |
| Dienstmasse: | 203 t |
| Stückzahl: | 15 |

# 162 CD, ZSR

| Bauart: | Bo'Bo' |
|---|---|
| Baujahre: | ab 1988 |
| Leistung: | 3480 kW |
| Länge über Puffer: | 16.800 mm |
| Dienstmasse: | 85 t |
| Stückzahl: | 60 |

Ende der achtziger Jahre wollten die CSD auf ihren Gleich-stromstrecken die Fahrzeuge aus den fünfziger Jahren ersetzen. 1988 lieferte Skoda mit der 162001 erstmals einen modernen Standardtyp für 140 km/h, der ausschließlich für den Betrieb mit 3000 V Gleichstrom ausgelegt war. 1999/2000 wurde ein Teil der 162 in die 120 km/h schnelle 163 umgebaut.

# 182 CD, ZSR

| Bauart: | Co'Co' |
|---|---|
| Baujahre: | ab 1963 |
| Leistung: | 3000 kW |
| Länge über Puffer: | 18.800 mm |
| Dienstmasse: | 120 t |
| Stückzahl: | 168 |

Die Güterzuglokomotiven entstanden für die mit 3000 V Gleich-strom elektrifizierten Linien der CSD. Skoda lieferte 168 Fahr-zeuge. Der Gesamtachsstand erreicht 13.000 mm. Die Lokomo-tiven erreichen eine Höchstgeschwindigkeit von 90 km/h. Abgeliefert wurden die Maschinen als Baureihe E 669.2.

# 230 CD, ZSR

In den sechziger Jahren elektrifizierte die CSD ihr Streckennetz nicht mehr mit Gleichstrom, sondern mit 25 kV/50 Hz Wechselstrom. Für dieses System waren neue Elektroloks erforderlich. Im Jahr 1966 entstand bei Skoda die neue Gattung S 489.0. Ihre Höchstgeschwindigkeit liegt bei 110 km/h.

| | |
|---|---|
| **Bauart:** | Bo'Bo' |
| **Baujahre:** | ab 1966 |
| **Leistung:** | 3080 kW |
| **Länge über Puffer:** | 16.440 mm |
| **Dienstmasse:** | 85 t |
| **Stückzahl:** | 110 |

# 350 ZSR

Die Lokomotiven wurden bis 1976 gebaut, sind aber heute noch die Paradepferde der slowakischen Eisenbahnen. Die 350 stellt einen Zweisystemtyp dar, der mit 3000 V Gleichstrom oder mit Wechselstrom 25 kV/50 Hz betrieben wird. Die Skoda-Lokomotiven kamen als ES 499.0 zur CSD. Bei Probefahrten erreichten sie 180 km/h, planmäßig 160 km/h. Alle Maschinen stehen in Bratislava. Die Gleichstromvariante läuft als 150 und 151 bei den CD.

| | |
|---|---|
| **Bauart:** | Bo'Bo' |
| **Baujahre:** | 1974–1976 |
| **Leistung:** | 4200 kW |
| **Länge über Puffer:** | 17.240 mm |
| **Dienstmasse:** | 88 t |
| **Stückzahl:** | 20 |

| Bauart: | B |
|---|---|
| Baujahre: | 1967 – 1971 |
| Leistung: | 147 kW |
| Länge über Puffer: | 7220 mm |
| Dienstmasse: | 24 t |
| Stückzahl: | 383 |

Die Baureihe 702 gelangte zwischen 1967 und 1971 in den Bestand der CSD. Die bis 1987 als T 212.0 bezeichneten Fahrzeuge entstanden bei TS Martin in der Slowakei, nachdem bei CKD in Prag die Produktion der T 211.0 beendet worden war. Mehrere hundert Loks der Reihe 702 wurden an Industriebetriebe geliefert.

# 754 CD, ZSR

Diese Diesellok der CSD wurde von 1979 bis 1980 mit 84 Exemplaren in Dienst gestellt. Zwei Prototypen stammen aus dem Jahr 1975. Die 100 km/h schnellen Fahrzeuge wiegen 74,4 Tonnen. Die 754 verfügt über eine elektrische Zugheizanlage.

| | |
|---|---|
| **Bauart:** | Bo'Bo'de |
| **Baujahre:** | 1975 – 1980 |
| **Leistung:** | 1472 kW |
| **Länge über Puffer:** | 16.500 mm |
| **Dienstmasse:** | 74,4 t |
| **Stückzahl:** | 86 |

| Bauart: | Bo'Bo'de |
|---|---|
| Baujahr: | 1997 (Umbau) |
| Leistung: | 1470 kW |
| Länge über Puffer: | 17.070 mm |
| Dienstmasse: | 72 t |
| Stückzahl: | 1 |

Die 755 001 entstand aus der Ende der sechziger Jahre gebauten 753 055. Statt 1325 kW leistet der neue Pielstick-Motor 1470 kW. Bemerkenswert ist das futuristisch anmutende Design.

# 781 CD, ZSR

Auch die Tschechoslowakischen Eisenbahnen orderten in Lugansk die Taigatrommel, welche allerdings als „Szergej" bezeichnet wurde. Die Regelspurvariante hieß ursprünglich T 679.1, später 781.1, die Breitspurvariante T 679.5 und 781.8. Einige Loks wechselten nach ihrer Ausmusterung in Tschechien zu deutschen NE-Bahnen.

| | |
|---|---|
| **Bauart:** | Co'Co'de |
| **Baujahre:** | 1966–1975 |
| **Leistung:** | 1470 kW |
| **Länge über Puffer:** | 17.550 mm |
| **Dienstmasse:** | 116 t |
| **Stückzahl:** | 574 + 27 |

| Bauart: | A'1'dm |
|---|---|
| Baujahre: | 1973–1984 |
| Leistung: | 155 kW |
| Länge über Puffer: | 13.970 mm |
| Dienstmasse: | 20 t |
| Stückzahl: | 678 |

Nach der Rekonstruktion zweier Baumuster aus rund 20 Jahre alten Triebwagen baute der Vagonka Studenka von 1973 bis 1984 in sieben Serien Leichttriebwagen mit der Bezeichnung M 152 und zwei weitere Serien für Breitspur. Die Triebwagen sind mit einem Unterflurmotor ausgestattet, der nur die Vorderachse antreibt. Die für den Nahverkehr bestimmten Fahrzeuge erreichen maximal 80 km/h.

# Ungarn

Die ungarische Eisenbahngeschichte begann am 15. Juli 1846, als die Strecke zwischen Pest und Vác in Betrieb ging. Sie war 34 Kilometer lang. Aus ihr entwickelte sich ein vergleichsweise dichtes Netz, das große Bedeutung im Transitverkehr zwischen Mittel- und Südosteuropa hat. Die von der österreichischen Südbahn beschafften Lokomotiven gelangten 1918 zu den MÁV. Die Schnellzug-Schlepptenderloks durften 100 km/h schnell fahren. Die betriebsbereite Lok ohne Tender wog 66,9 t. Für die ungarischen Strecken der Südbahngesellschaft entstanden 1910 neun Loks, in den Jahren von 1927 bis 1930 erhielt die Donau-Save-Adria-Bahngesellschaft vier nachgebaute Fahrzeuge zusätzlich.

## Baureihe 302 MÁV (Südbahn 109)

| | |
|---|---|
| Bauart: | 2'Ch2 |
| Baujahre: | 1910/1927–1930 |
| Leistung: | 730 kW |
| Länge über Puffer: | 17.550 mm |
| Dienstmasse: | 106,8 t |
| Stückzahl: | 13 |

# Baureihe 375 MÁV

| Bauart: | 1'C1' h2 |
|---|---|
| Baujahre: | 1907 – 1959 |
| Leistung: | 370 kW |
| Länge über Puffer: | 10.930 mm |
| Stückzahl: | 596 |

Die dreifach gekuppelten Tenderloks waren universell einsetzbare Maschinen für Nebenbahnen. Ihr Kuppelraddurchmesser von nur 1180 mm erlaubte zwar keine höheren Fahrgeschwindigkeiten als 60 km/h, dafür erwiesen sich die Heißdampfloks als sehr zugkräftig. Die Maschinenfabrik der MÁV fertigte die Lokomotiven über den langen Zeitraum von 1907 bis 1959.

# Baureihe V 43 MÁV

Die vierachsigen Elektrolokomotiven der Baureihe V 43 werden vornehmlich im hochwertigen Personenverkehr eingesetzt, sodass sie zum alltäglichen Erscheinungsbild auf den mit 25 kV/50 Hz versorgten elektrifizierten Strecken gehören. Die von Ganz-MÁVAG in Ungarn gebauten Maschinen erreichen eine Höchstgeschwindigkeit von 130 km/h. Ihr Raddurchmesser beträgt 1180 mm.

| | |
|---|---|
| Bauart: | B'B' |
| Baujahre: | 1963–1982 |
| Leistung: | 2220 kW |
| Länge über Puffer: | 15.700 mm |
| Dienstmasse: | 80 t |
| Stückzahl: | 379 |

# Baureihe 1047 GySEV

| | |
|---|---|
| **Bauart:** | Bo'Bo' |
| **Baujahr:** | 2002 |
| **Leistung:** | 7000 kW |
| **Länge über Puffer:** | 19.280 mm |
| **Dienstmasse:** | 86 t |
| **Stückzahl:** | 5 |

Auch die Raab-Oedenburg-Ebenfurter Eisenbahn, in Ungarn als Györ-Sopron-Ebenfurti Vasut bezeichnet, setzt auf den Taurus. Ihre Variante darf Tempo 230 erreichen, denn sie ist mit Linienzugbeeinflussung ausgestattet. Ansonsten unterscheidet sich die Maschine vom Typ 1047 der MÁV sowie von der österreichischen Reihe 1116 nur durch das farbenfrohere Kleid. Die Hochleistungsloks kommen bis Villach, Wels und Wien.

# M 40 MÁV

| Bauart: | Bo'Bo'de |
|---|---|
| Baujahre: | ab 1963 |
| Leistung: | 740 kW |
| Länge über Puffer: | 14.250 mm |
| Dienstmasse: | 76 t |
| Stückzahl: | 82 |

Ganz-MÁVAG baute für die MÁV insgesamt 82 Lokomotiven der Baureihe M 40. Haupteinsatzgebiet sollte der Reisezugdienst sein. Die Kraftübertragung erfolgt elektrisch. Ein Gleichstromgenerator versorgt vier Fahrmotoren. Für die Zugheizung ist ein ölgefeuerter Dampfkessel vorhanden.

# Reihe 424 MÁV

Die Baureihe 424 der ungarischen Staatsbahnen war die am häufigsten gebaute und überdies die bedeutendste Dampflok dieser Verwaltung in neuerer Zeit. Zwischen 1924 und 1958 verließen 365 Fahrzeuge das Werk. Mit ihrer hohen Zugkraft und einer Höchstgeschwindigkeit von 90 km/h ließen sich die Loks in Ungarn universell einsetzen wie keine andere.

| Bauart: | 2'Dh2 |
|---|---|
| Baujahre: | 1924–1958 |
| Leistung: | 1040 kW |
| Länge über Puffer: | 21.000 mm |
| Dienstmasse: | 142,6 t |
| Stückzahl: | 365 |

# Rumänien

Erst relativ spät ging die erste Eisenbahn Rumäniens in Betrieb. Die Strecke führte von Constanta nach Cernavoda, war war 66 Kilometer lang und sah am 4. Oktober 1860 den Eröffnungszug. Heute hat das Netz eine Betriebslänge von gut 11.000 Kilometern.

Die 142.001 bis 079 wurden bis 1940 von den Malaxa-Werken in Bukarest und von den Resita-Werken geliefert. Die Reihe entstand nach dem Vorbild der letzten Bauserie der österreichischen Reihe 214. Unterschiede bestanden in erster Linie in Details des Tenders. Die 142 waren Schnellzugloks für den Einsatz im Hügelland. Die Kuppelräder maßen 1920 mm, die Höchstgeschwindigkeit blieb aber auf 110 km/h beschränkt. Die 142 blieben bis Mitte der siebziger Jahre im Einsatz.

## 142

| | |
|---|---|
| Bauart: | 1'D2'h2 |
| Einsatz: | ab 1937 |
| Leistung: | 1600 kW |
| Länge über Puffer: | 22.640 mm |
| Dienstmasse: | 191 t |
| Stückzahl: | 79 |

| Bauart: | Bo'Bo' |
|---|---|
| Einsatz: | ab 1973 |
| Leistung: | 3400 kW |
| Länge über Puffer: | 15.470 mm |
| Dienstmasse: | 80 t |
| Stückzahl: | 180 |

Die Lokomotiven der Baureihe 43 entstanden auf der Basis des schwedischen Typs Rb. Sie entsprechen außerdem der jugoslawischen Reihe 441. Lieferwerk war Rade Koncar in Zagreb, Kroatien. Die Baureihe 43 existiert in mehreren Versionen: mit oder ohne elektrische Bremse für Tempo 120 km/h sowie mit elektrischer Bremse und für 160 km/h. Eine andere Version, die Baureihe 44, erhielt eine Vielfachsteuerung.

# Jugoslawien

Mit dem Zusammenbruch des Vielvölkerstaates Jugoslawien verschwand natürlich auch die Gemeinschaft der Jugoslawischen Eisenbahnen aus den Büchern. Historisch sind sie aber zusammengewachsen, weshalb eine gemeinsame Behandlung gerechtfertigt erscheint.

Die Reihe 05 ist Teil des jugoslawischen Einheitsprogramms von 1929. Von insgesamt drei Baureihen lieferten Borsig und Schwartzkopff 100 Loks. Diese, vor allem die 05, gelten als die besten, beliebtesten und schönsten der jugoslawischen Eisenbahnen. Die Schnellzuglokomotive 05 erreichte eine Höchstgeschwindigkeit von 100 km/h. Sie war hauptsächlich auf der Flachlandstrecke Zagreb–Belgrad–Niö eingesetzt. Heute steht ein Exemplar dieser Gattung als Museumsstück im Ausbesserungswerk Niö.

## Reihe 05

| | |
|---|---|
| Bauart: | 2'C1'h2 |
| Baujahr: | 1930 |
| Leistung: | 1480 kW |
| Länge über Puffer: | 21.900 mm |
| Dienstmasse: | 160 t |
| Stückzahl: | 40 |

# Reihe 28

| Bauart: | Eh2 |
|---|---|
| Baujahre: | 1909–1926 |
| Dienstmasse: | 69 t |
| Stückzahl: | 67 |

Bei diesen Gebirgslokomotiven handelt es sich um die ehemalige K. k. StB-Reihe 80, eine berühmte Schöpfung Karl Gölsdorfs mit der damals neuen Anordnung der fünf teilweise seitenbeweglichen Kuppelachsen in einem Rahmen. Schon vor dem Ersten Weltkrieg verkehrten sie in Slowenien. 1927 kauften die jugoslawischen Bahnen in Österreich zehn Maschinen, welche die Lokomotivfabrik Wiener Neustadt auf Vorrat gebaut hatte. Sie erhielten später die Nummern 28-001 bis 010. Neben dem Güterzugdienst oblag den Maschinen auch der Schnellzugdienst auf den slowenischen Gebirgsstrecken, oft in Doppelbespannung.

# Griechenland

Obwohl das griechische Eisenbahnnetz recht weitmaschig ist, gelang es, die Strecken in drei Spurweiten zu errichten. Die Regelspur hält dabei eine ganz solide Zweidrittelmehrheit.

Mit der Reihe A201 kamen erstmals Diesellokomotiven in Griechenland zum Einsatz. Heute trifft man die von der US-amerikanischen Lokfabrik ALCo gefertigten Maschinen vor leichten Güterzügen an. Ihr Haupteinsatzgebiet ist das nördliche Griechenland. Die Leistungsübertragung erfolgt bei diesen Loks elektrisch. Ihre Höchstgeschwindigkeit beträgt 105 km/h.

## Serie A201–A210 (Typ RS8-DL532B)

| | |
|---|---|
| Bauart: | Bo-Bo |
| Baujahre: | 1961–1962 |
| Leistung: | 766 kW |
| Länge über Puffer: | 13.980 mm |
| Dienstmasse: | 64,6 t |
| Stückzahl: | 10 |

# Serie A301 – A310
## (Typ FPD7-DL500C)

| Bauart: | Co-Co |
|---|---|
| Baujahr: | 1963 |
| Leistung: | 1313 kW |
| Länge über Puffer: | 17.960 mm |
| Dienstmasse: | 107 t |
| Stückzahl: | 10 |

Bei dieser Reihe handelt es sich um eine der berühmtesten griechischen Loktypen. Alle Maschinen wurden 1998 ausgemustert, mit einer Ausnahme: A302. Diese von ALCo gebaute Lok erhielt ihre Originalfarbgebung (blau mit zwei Silberstreifen) zurück. Heute ist sie im Depot Thessaloniki stationiert und gehört zum Bestand der OSE-Museumsfahrzeuge. Sie fährt nur noch vor Sonderzügen.

# Serie A401–A410
## (Typ DEL 20 CC)

| Bauart: | Co-Co |
|---|---|
| Baujahr: | 1966 |
| Leistung: | 1460 kW |
| Länge über Puffer: | 19.500 mm |
| Dienstmasse: | 108 t |
| Stückzahl: | 10 |

Die von Jung und Siemens gebauten Maschinen gehörten zu den ersten Diesellokomotiven Griechenlands. Sie waren damals die modernsten ihrer Art in Europa. Da es sich um Universallokomotiven handelte, lag ihr Aufgabengebiet sowohl im Güter- als auch Reisezugverkehr. Meist kamen sie auf der Strecke Thessaloniki–Athen zum Einsatz. Die letzte Lok schied 1986 aus dem Dienst.

# Serie 411–430 (Typ V 200.1)

1989/1990 erwarben die Griechischen Staatsbahnen von der Deutschen Bahn 20 Loks der Baureihe V 200.1. Sie wurden im hochwertigen Personenverkehr und vor Güterzügen eingesetzt, in der Hauptsache zwischen Athen und Thessaloniki, später im gesamten OSE-Netz. Ihre Ausmusterung erfolgte 1997. Im Jahr 2002 gingen alle 20 Loks an die Prignitzer Eisenbahngesellschaft.

| | |
|---|---|
| **Bauart:** | B-B |
| **Baujahr:** | 1962 |
| **Leistung:** | 2 × 985 kW |
| **Länge über Puffer:** | 18.440 mm |
| **Dienstmasse:** | 78 t |
| **Stückzahl:** | 20 (von OSE erworben) |

# Serie A471–A496/
## 220 027–220 036 (Typ DE 2000)

Zu den modernsten und neuesten Dieselloks der griechischen Staatsbahnen gehört die Reihe A471–A496. Sie wurde von ADtranz in Deutschland gefertigt. Aufgrund der positiven Erfahrungen mit der dieselelektrisch angetriebenen Lokomotive wurden ihr seit dem Beschaffungsjahr nach und nach alle Personenzugleistungen im OSE-Netz anvertraut. Bisweilen schleppt sie auch Güterzüge.

| | |
|---|---|
| **Bauart:** | Bo-Bo |
| **Baujahre:** | 1998/2003 |
| **Leistung:** | 2043 kW |
| **Länge über Puffer:** | 19.400 mm |
| **Dienstmasse:** | 81,6 t |
| **Stückzahl:** | 26/10 |

# Serie 520 101/201–520 112/ 212 (601–624/Typ DE-IC2000N)

| Bauart: | BB+2 2+2 2+BB |
|---|---|
| Baujahre: | 1988/1989 |
| Leistung: | 2 × 985 kW |
| Länge über Puffer: | 101.800 mm |
| Dienstmasse: | 228 t |
| Stückzahl: | 12 |

Als Gemeinschaftsproduktion ost- und westdeutscher Firmen vor der deutschen Wiedervereinigung entstand dieser Hochgeschwindigkeitszug der OSE. Heute sind die dieselhydraulisch getriebenen Garnituren zwischen Athen und Thessaloniki im Einsatz.

# Türkei

Die Türkei weist nur eine geringe Netzdichte auf. Die Schienenstränge verbinden vor allem die großen Städte und industriellen Zentren. Fast alle Strecken sind eingleisig ausgeführt, sämtliche in der Regelspur.

Mehr als 100 Jahre dienten den türkischen Bahnen Schlepp-tenderloks, die bei Hanomag und der Lokfabrik Wiener Neu-stadt entstanden. Zuerst fuhren sie für die Orientbahn, zuletzt bewältigten sie Rangierdienste für die TCDD. Die robusten Maschinen verfügten über Kuppelachsen von 1400 mm Durch-messer, Außenrahmen, Hall'sche Aufsteckkurbeln und eine Innensteuerung. Die 33.508 bestieg nach Abschluss ihrer Kar-riere den Denkmalsockel vor dem ehemaligen Aw Sivas.

**33.501–508**

| | |
|---|---|
| Bauart: | Cn2 |
| Baujahre: | 1871–1875 |
| Dienstmasse: | 36 t |
| Stückzahl: | 54 |

| Bauart: | 1'Dh2 |
|---|---|
| Baujahre: | 1943–1944 |
| Leistung: | 1040 kW |
| Länge über Puffer: | 18.505 mm |
| Dienstmasse: | 73,7 t |
| Stückzahl: | 50 |

Als „Klapperschlangen" bezeichneten die türkischen Eisenbahner Lokomotiven US-amerikanischer Herkunft. Die Stangenlager des Typs S 160 des US Transportation Corps neigten zum Schlagen. Weitere konstruktive Mängel machten die Loks nicht gerade beliebter. Äußerlich zeigte sie typische Merkmale des US-amerikanischen Dampflokbaus, waren allerdings dem britischen Lichtraumprofil angepasst. Zuletzt fuhr eine Maschine 1986 als Werklok für die Munitionsfabrik MKE in Kirikkale.

# 46.051–061

| Bauart: | 1'D1'h2 |
| --- | --- |
| Baujahr: | 1937 |
| Leistung: | 1387 kW |
| Länge über Puffer: | 22.860 mm |
| Dienstmasse: | 104,4 t |
| Stückzahl: | 11 |

Bis zur Verdieselung schleppten Vierkuppler von Henschel die hochwertigen Züge auf der wichtigen Strecke Ankara–Istanbul. Sie erreichten als einzige türkische Dampflok eine Höchstgeschwindigkeit von 100 km/h. Konzeptionell erinnerten sie an die deutsche 41. Auch das Verhältnis der Rohr- zur Feuerbüchsheizfläche lag mit 13,1 recht ungünstig. Die Vorgängerbaureihe hatte einen besseren Wert von 9,9. Anfang 1985 schieden die letzten Maschinen aus dem Plandienst aus.

# 56.301–388

Die größten und leistungsfähigsten Dampfloks der TCDD kamen aus den USA. Sie erhielten ein führendes Bisselgestell sowie nach US-amerikanischen Gepflogenheiten einen in einem Stück gegossenen Rahmen mit Zylindern. Da der 5,37 qm große Rost jeden Heizer überfordert hätte, stattete Vulcan Iron Works die Loks mit einem Stoker aus. Die Loks bedienten vor allem die Montanbahn Irmak–Zonguldak und schleppten dort bis 1984/85 schwere Kohle- und Erzzüge, ehe sie in den Rangierdienst wechselten.

| Bauart: | 1'Eh2 |
|---|---|
| Baujahre: | 1947–1948 |
| Leistung: | 1715 kW |
| Länge über Puffer: | 21.875 mm |
| Dienstmasse: | 110,6 t |
| Stückzahl: | 88 |

# Amerika

# USA/Kanada

Die Geschichte der Eisenbahnen auf dem nordamerikanischen Kontinent beginnt 1830 mit der Eröffnung der 13 Meilen langen Strecke der Baltimore & Ohio Railroad und der Entwicklung der ersten amerikanischen Dampflokomotive, genannt „Tom Thumb".

Die älteste Zahnrad-Bergbahn der Welt befindet sich am Mount Washington. Sie wurde 1869 fertig gestellt. Heute versehen immer noch Dampfloks den Dienst auf der mit 37‰ geneigten Trasse. Die Maschinen der Anfangszeit besaßen alle einen aufrecht stehenden Kessel, der später in waagerechte Position gebracht wurde. Einige dieser alten Loks versehen noch heute ihren Dienst, wie die 1874 gebaute Kancamagus (früher „Tip-Top" genannt), die 1878 einen liegenden Kessel erhielt.

## Zahnraddampflok/Mount Washington
## (u. a. Manchester Locomotive Works)

| Bauart: | B |
|---|---|
| Baujahre: | 1866 – 1908 |
| Leistung: | 294 kW |
| Dienstmasse: | 25 t |
| Stückzahl: | 17 |

# Challenger Class 800 (ALCo)

| | |
|---|---|
| **Bauart:** | 2CC2 |
| **Baujahre:** | 1936–1943 |
| **Länge über Puffer:** | 34.706 mm |
| | (inkl. Tender) |
| **Dienstmasse:** | 411 t (inkl. Tender) |
| **Stückzahl:** | 105 |

Während und nach dem Zweiten Weltkrieg nannte die Union Pacific die modernsten Dampfloks ihr Eigen. Zu diesen legendären Güterzugmaschinen gehörten auch die Challengers, die es in zwei Varianten gab. Die eine diente als Güterzuglok, wie z. B. die Challenger 3985 (links im Bild), die andere („800-Class"), wurde vor schnellen Personenzügen eingesetzt. Die 1944 gelieferte Challenger 844 fuhr zuletzt auch im Güterverkehr. Heute bespannt sie Sonderzüge.

# Daylight (Lima Locomotives)

| Bauart: | 2D2 |
|---|---|
| Baujahre: | 1936–1942 |
| Länge über Puffer: | 33.490 mm |
| | (inkl. Tender) |
| Dienstmasse: | 346 t (inkl. Tender) |
| Stückzahl: | 50 |

Insgesamt entstanden 50 Daylight-Dampfloks bei den Lima Loco-
motives Works für die Southern Pacific Railroad. Weitere 16 Loks
kamen während des Zweiten Weltkriegs hinzu, sie verfügten
jedoch nicht über die seitlichen Fahrwerksblenden. Die heute
betriebsfähige Daylight 4449 der Ursprungsversion wurde
Anfang der siebziger Jahre anlässlich der 200-Jahrfeier zur
Unabhängigkeit der USA restauriert. Danach erhielt sie ihr Ori-
ginalfarbkleid in Orange, Rot und Schwarz zurück.

# Big Boy Class 4000 (ALCo)

Die Big Boys waren die größten jemals gebauten Dampfloks der Welt. Sie verfügten über einen siebenachsigen Tender, maßen in der Länge über 40 m und in der Höhe 4,9 m. Die zweite, ab 1943 gebaute Serie verfügte über einen etwas größeren Wasserbehälter. Dank Stoker-Automatik gelangten stündlich 10 bis 12 t Kohle auf den riesigen Rost der Feuerbüchse. Das Stahlross war gefräßig. Es vermochte aber im Alleingang bis zu 3600 t schwere Züge über Bergstrecken zu ziehen.

| Bauart: | 2DD2 |
|---|---|
| Baujahre: | 1940–1942/1943–1944 |
| Länge über Puffer: | 40.353 mm (inkl. Tender) |
| Dienstmasse: | ca. 544 t (inkl. Tender) |
| Stückzahl: | 20 + 5 |

# E5 (EMD)

Im Illinois Railway Museum befindet sich das bestens gepflegte Exemplar einer Diesellokomotiv-Type, die einst die silberfarbenen „Zephyr"-Züge gezogen hat. Der 1940 gebaute „Silver Pilot" ist einer der 16 Dieselloks, die von der Burlington-Eisenbahngesellschaft speziell für die eleganten Streamliner-Personenzüge beschafft wurden. Die E5 der Burlington Route unterschieden sich von den vergleichbaren E3, E4 und E6 hauptsächlich nur durch ihre spezielle Edelstahl-Verkleidung.

| | |
|---|---|
| **Bauart:** | 2 × Co'Co' |
| **Baujahre:** | 1939–1942 |
| **Leistung:** | 2 × 736 kW |
| **Länge über Puffer:** | 15.240 mm |
| **Dienstmasse:** | 105 t |
| **Stückzahl:** | 16 |

| Bauart: | Bo'Bo' |
|---|---|
| Baujahre: | 1966–1975 |
| Leistung: | 1700 kW |
| Länge über Puffer: | 18.030 mm |
| Dienstmasse: | 111 t |
| Stückzahl: | 2942 |

Die GP38 gehört mit 2942 gebauten Exemplaren zu den erfolgreichsten Dieselloks in US-Amerika. Im Jahr 1966 war sie die erste EMD-Lok, die den neuen und stärkeren Zweitakt-Dieselmotor mit 10.570 cm³ Hubraum pro Zylinder erhielt. Derselbe Motor arbeitet auch in der berühmten SD40. Die maximale Achslast der GP38 beträgt 28 t, ihre Höchstgeschwindigkeit wird mit 137 km/h angegeben. GP38 fahren u. a. für die Southern Pacific und die Central Oregon & Pacific, die 13 dieser Loks besitzt.

# F7 (EMD)

| Bauart: | Bo'Bo'de |
|---|---|
| Baujahre: | 1949–1953 |
| Leistung: | 1100 kW |
| Länge über Puffer: | 15.240–15.443 mm |
| Dienstmasse: | 105 t |
| Stückzahl: | 3849 |

Generationen von Freunden US-amerikanischer Eisenbahnen galten sie als die Diesellokomotive schlechthin. Die formschönen Maschinen von GM-EMD trugen maßgeblich zur Verdieselung der Strecken bei und beförderten Züge jeder Gattung. Die einzelnen Einheiten (A- und B-Units) ließen sich zu langen Lokverbänden kuppeln und vom vordersten Führerstand aus steuern. Fünf, sechs F7 vor einem langen Güterzug waren dabei keine Seltenheit. Einige fahren noch bei Museumsbahnen.

# RF-16 Shark (BLW)

Das auffällige Design der „Sharknose" RF-16 ging aus den Erfahrungen hervor, die aufgrund eines folgenschweren Unfalls bereits 1934 gemacht wurden. Eine Baldwin-Lok war am Bahnübergang mit einem Lastwagen kollidiert. Die offensichtlich mangelnde Stabilität der Lokschnauze bei der beteiligten Maschine führte zu Überlegungen hinsichtlich eines stabileren Führerstandes mit „Nase". Nach mehreren Versuchsumbauten bei gängigen Loktypen entwickelte Baldwin die „Sharknoses".

| Bauart: | Bo'Bo' |
|---|---|
| Baujahre: | 1951/1952 |
| Leistung: | 1177 kW |
| Länge über Puffer: | 21.500 mm |
| Dienstmasse: | 112 t |
| Stückzahl: | 109 (A- und B-units) |

# SD40-2 (EMD)

| Bauart: | Co'Co' |
|---|---|
| Baujahre: | 1973–1976 |
| Leistung: | 2500 kW |
| Länge über Puffer: | 20.980 mm |
| Dienstmasse: | 180 t |

Zu den am häufigsten anzutreffenden US-Loktypen zählte in den achtziger Jahren die SD40-2. Sie war die Standardlok schlechthin, bis modernere Typen auf den Plan traten. Von den robusten Maschinen führten die beiden größten Unternehmen, Union Pacific und Burlington Northern, eine Zeit lang über 1000 Maschinen in ihrem Bestand, die sie vor langen Güterzügen, oftmals in Mehrfachtraktion einsetzten.

# B40-8W (GE)

Die B40-8W gehört ebenfalls zu der äußerst erfolgreichen Dash-8-Serie von General Electric. Das W steht für „wide nose" und spielt auf das Sicherheits-Führerhaus an, das bei den EMD-Loks durch den Buchstaben M gekennzeichnet ist. Mit der B40-8W setzte sich GE in Sachen Diesellokomotivbau an die Spitzenposition. Die 112 km/h schnelle Lokomotive ist oftmals in Mehrfachtraktion vor Intermodal-Zügen anzutreffen.

| | |
|---|---|
| **Bauart:** | Bo'Bo' |
| **Baujahre:** | 1988–1990 |
| **Leistung:** | 3400 kW |
| **Länge über Puffer:** | 20.220 mm |
| **Dienstmasse:** | 127 t |
| **Stückzahl:** | 83 |

# B42-9P (GE)

Diese zur Dash-9-Serie gehörende Lokomotive ist schon seit einigen Jahren die Standardlok beim Personenverkehrsanbieter
Amtrak. Sie trägt auch den schönen Beinamen „Genesis", eine
Anspielung auf den futuristisch wirkenden, völlig neu konzipierten Aufbau der Diesellokomotive. Einige Komponenten für
die Elektrik wurden von der europäischen ADtranz geliefert. Die
Antriebskraft wird vom selben Motor angetrieben, wie er auch
in den Güterzugloks arbeitet (GE 8-FDL-16).

| | |
|---|---|
| **Bauart:** | Bo'Bo' |
| **Baujahre:** | ab 1993 |
| **Leistung:** | 3550 kW |
| **Länge über Puffer:** | 21.030 mm |
| **Dienstmasse:** | 128 t |
| **Stückzahl:** | 43 |

# „Rocky" GP40-2

| Bauart: | Bo'Bo' |
|---|---|
| Baujahre: | 1965 – 1978 |
| Leistung: | 2500 kW |
| Länge über Puffer: | 18.030 mm |
| Dienstmasse: | 116 t |
| Stückzahl: | 5 |

Die von EMD gebauten GP40 mit verbesserter Elektronik (GP40-2) wurden auch von kanadischen Eisenbahngesellschaften besorgt. So fuhren fünf dieser Maschinen beispielsweise für die Canadian National Rail, bevor sie an die Rocky Mountaineer Railtours abgegeben wurden. Dieser Reiseveranstalter ließ die Loks bei Alstom generalüberholen. Seitdem sind sie in blau-weißem Kleid, mit dem Schneeziegenemblem auf der Nase, vor Ausflugszügen im Einsatz.

# Northlander FP7

| Bauart: | Bo'Bo'de |
|---|---|
| Baujahre: | 1951–1953 |
| Leistung: | 2100 kW |
| Länge über Puffer: | 15.440 mm |
| Dienstmasse: | 105 t |

Als Inbegriff der Diesellok auf dem nordamerikanischen Kontinent dürften nach wie vor die rundnasigen, von GM-EMD
gebauten F/FP7 gelten. In Kanada kamen einige dieser Loks zu
besonderen Ehren, als sie ab 1980 sukzessive die berühmten
Northlander-Züge übernahmen, die vormals von ehemaligen,
Mitte der siebziger Jahre gekauften niederländischen und
schweizerischen TransEuropExpress-Garnituren gebildet wurden, die man in Kanada „T-Trains" nannte.

# Argentinien/Chile

Die 1922 bei der Firma Baldwin Locomotive Works in Philadelphia gefertigte Dampflok verfügt über Gewichte, die außen an den Treibrädern angebracht sind, als Maßnahme zur Erhöhung der Reibungsmasse. Diese betriebsfähige Dampflok gehört der Museumsbahn La Trochita zwischen El Maitén und Esquel, einem Teilstück der stillgelegten Route des legendären Patagonien-Express.

## La-Trochita/Baldwin

| | |
|---|---|
| Bauart: | 1D1 |
| Baujahr: | 1922 |
| Leistung: | 299 kW |
| Länge über Puffer: | 8.220 mm |
| Dienstmasse: | 25,7 t |

# RSD-16 (ALCo)

Die vom US-amerikanischen Lokomotivhersteller ALCo gefertigte Lokomotive mit dieselelektrischem Antrieb und Zwölfzylindermotor ist bei mehreren argentinischen Bahngesellschaften im Einsatz. Sie befördert unter anderem die Züge des Vorortverkehrs von Buenos Aires. Ihre maximale Geschwindigkeit liegt bei 122 km/h.

| Bauart: | Co-Co |
|---|---|
| Baujahre: | 1957 – 1959 |
| Leistung: | 1313 kW |
| Länge über Puffer: | 17.088 mm |
| Dienstmasse: | 108 t |
| Stückzahl: | 130 |

# PA (ALCo/MLW)

| Bauart: | A1A–A1A |
|---|---|
| Baujahr: | 1957 |
| Leistung: | 1655 kW |
| Länge über Puffer: | 19.960 mm |
| Dienstmasse: | 118 t |

Die argentinische PA wurde in Lizenz nach Plänen der entsprechenden ALCo-Lokomotive in Kanada bei MLW gefertigt. Im Süden von Buenos Aires war die Diesellokomotive mit ihrer prägnanten „Sicherheitsnase" noch bis 1990 vor Nahverkehrszügen zu sehen.

**1951 entstand die 200 Kilometer lange Kohlenbahn Rio Gallegos – Rio Turbio in Patagonien. Zunächst fuhren Henschel-Loks auf der 750 mm-Strecke. Da sie zu schwach waren, bestellte man bei Mitsubishi 20 1'E1'-Dampfloks, die 1956/1963 geliefert wurden.**

In Argentinien erhielten die Loks eine „Gas-Producer"-Feuerbüchse, bei der die untere Luftzufuhr eingeschränkt, die Oberluftzufuhr dagegen verstärkt wird. Hierbei treten die gasförmigen Bestandteile der Kohle aus und verbrennen. Diese Neuerung half neben der Stokerfeuerung die Leistungsfähigkeit der Loks zu steigern. Nach dem Umbau erbrachten die ca. 86 t schweren Maschinen eine Leistung von 875 kW. Ab 1997, nach der Privatisierung, erhielt die Bahn fünf Bo'Bo' Dieselloks. Es sind Henschel-Nachbauten einer bulgarischen Loktype. Die mit Caterpillar-Motoren ausgestatteten Loks erbringen eine Leistung von 736 kW. Vom einstigen Dampflokbestand konnte ein Exemplar von Eisenbahnfreunden betriebsfähig erhalten werden.

**Das Streckennetz in Chile ist, wie in vielen Ländern Südamerikas, im Niedergang. Viele Bahnlinien sind bereits eingestellt worden.**
Die Gesellschaft FEPASA hingegen betreibt noch regen Güterverkehr. Sogar eine Schmalspurstrecke von Los Andes nach Rio Blanco wird noch bedient. Dort schleppen Loks von ALCo mit Kupfer beladene Züge durch eine wildromantische Landschaft. Den Weitertransport ans Meer übernehmen dann normalspurige Loks US-amerikanischer Herkunft.

# Asien

# China

Die Güterzuglokomotiven der Reihe QJ gehen auf die sowjetische Standardlok LV zurück. Die chinesischen Konstrukteure verbesserten und modifizierten die einfach und robust gebauten Maschinen. Bei den mit Verbrennungskammer ausgerüsteten Dampfloks kann das Gewicht kurzzeitig von den Laufrädern auf die Treibräder verlagert werden, um die Reibungsmasse zu erhöhen. Sie fahren heute noch am Jingpeng-Pass, was zu einer regelrechten Invasion von Eisenbahnfreunden aus aller Welt führt. Doch die Tage dieses einzigartigen Dampfwunders sind gezählt. Im Winter 2004 tauchten die ersten Diesellokomotiven am Pass auf.

## Baureihe QJ

| | |
|---|---|
| Bauart: | 1E'1 |
| Baujahre: | 1956–1988 |
| Leistung: | 2193 kW |
| Länge über Puffer: | 16.140 mm |
| Dienstmasse: | 133,8 t |
| Stückzahl: | 4700 |

# Baureihe JF (Mikado)

| Bauart: | 1'D1'h2 |
| --- | --- |
| Baujahre: | ca. 1918–1952 |
| Länge über Puffer: | 13.111 mm |
| Stückzahl: | 1112 |

Mikados waren ab 1918 in China im Einsatz und gehörten dort bis in die fünfziger Jahre hinein zu den am meisten verbreiteten Loktypen. Ab 1952 begann man die Maschinen in modernisierter Form nachzubauen. Die nun als Baureihe JF bezeichneten Dampfloks vermochten bei einer Steigung von 6 ‰ eine Zugmasse von 2660 t mit einer Geschwindigkeit von 15 km/h zu schleppen.

# Indien

**Zu den spektakulärsten Bahnen der Welt zählt die Darjeelingbahn in Indien. Seit 1999 zählt sie zu den Welterbestätten der UNESCO.**
Zum Einsatz kommen hier DHR-Dampflokomotiven. Die Dampfloks der Darjeeling Himalayan Railway (DHR) verkehren auf der 88 Kilometer langen schmalspurigen Bahnstrecke New Jalpaiguri–Darjeeling, die 1999 von der UNESCO zur Welterbestätteerklärt wurde. Heute existieren noch 14 dieser Loks in zwei ähnlichen Baureihen aus britischer Fabrikation. Die Werkstätte Tindharia sorgt dafür, dass stets genügend betriebsbereite Maschinen zur Verfügung stehen.

| Bauart: | B |
|---|---|
| Baujahre: | 1889–1927 |
| Dienstmasse: | 12/14 t |
| Stückzahl: | 30 |

# Japan

**Japan ist das Land des spektakulären Hochgeschwindigkeitsverkehrs. Superzüge, wie der Shinkansen 500, sorgen hier für Furore.**

Die Serien-Shinkansen 500 bestehen aus 14 Mittel- und zwei Endwagen. Sämtliche 64 Achsen werden jeweils durch einen eigenen Wechselstrommotor angetrieben. In der ersten Wagenklasse stehen 200, in der zweiten 1124 Sitzplätze zur Verfügung. Die getestete Höchstgeschwindigkeit liegt bei rund 350 km/h, fahrplanmäßig wird maximal mit Tempo 300 gefahren. Eine aktive Federung zwischen Drehgestell und Wagenrahmen steigert den Komfort durch große Laufruhe.

| | |
|---|---|
| **Bauart:** | Bo'Bo' |
| **Baujahre:** | 1995–1998 |
| **Leistung:** | 17.600 kW |
| **Länge über Puffer:** | 404.000 mm |
| **Dienstmasse:** | 688 t |
| **Stückzahl:** | 10 (9 + 1 Prototyp) |

# Australien/Neuseeland

# Australien

Die Eisenbahn spielt in Australien auf transkontinentalen Linien, ähnlich wie in Nordamerika, insbesondere im Güterverkehr noch eine wichtige Rolle. Personenzüge verkehren im Nahverkehr der Ballungszentren, sie verbinden Städte oder befördern Reisende in Expresszügen auf Fernstrecken.

So sind zum Beispiel GM-Loks (S class) der West Coast Railway auf 1600-mm-Spur mit ihren komfortablen Wagen auf der Strecke von Melbourne Spencer Street Station über Geelong nach Warr-

nambool im Einsatz (links). Lediglich einmal die Woche verkehrt der „Queenslander" Brisbane–Cairns auf der 1681 Kilometer langen Kapspur-Strecke. Für diese Distanz benötigen die 1472 kW starken sechsachsigen Diesellokomotiven der Serie QR 2100 (oben), 31,5 Stunden. In dem riesigen Land dominiert die Dieseltraktion.

In Australien war die Eisenbahn einst durch eine Vielfalt an Spurweiten gekennzeichnet. Im Laufe der Zeit kam es größtenteils zu Angleichungen. Es scheiterten jedoch bislang alle Versuche, sämtliche Strecken in einer einzigen staatlichen Bahnverwaltung zu vereinen.

# Neuseeland

In Neuseeland begann sich die Eisenbahn erst Ende des 19. Jahrhunderts auszubreiten. Heute fahren auf den beiden Inseln neben Diesel- und Elektroloks auch herrliche Dampflokomotiven.

Internationale Berühmtheit dürfte der „Kingston-Flyer" genießen. Im Stil der Zwanziger Jahre befördert der Zug pro Jahr bis zu 20.000 Dampflokfreunde. Die Fahrt findet von Oktober bis April in den Südalpen auf einem 14 Kilometer langen Reststück der ehemaligen Strecke Invercargill–Queenstown statt. Seit 1971 verkehren täglich zwei Dampfzugpaare. Zugloks sind die beiden Pazifics mit den Nummern 778 und 795. Sie entstanden 1925 bzw. 1927 in Neuseeland.

Die Zeit der Dampftraktion endete in diesem Land 1971. Seither bestimmen Dieselloks das Bild, wie beispielsweise die sechsachsigen schweren Zugpferde für die langen Güterzüge auf der Route Christchurch–Picton. Im Hafen von Picton gehen Fähren ab, von denen eine ausschließlich den Güterzügen vorbehalten ist.

Elektro-Triebfahrzeuge finden sich dagegen vor allem auf der nördlichen Insel, wie zum Beispiel auf dem Nahverkehrsnetz der Hauptstadt Wellington.

# Südafrika

Die südafrikanischen Eisenbahnen beschafften 1946 insgesamt 50 Gelenklokomotiven der Bauart Garratt, die über einen zweiten Tender verfügen. Der hintere Tender führt die Kohle-, der vordere die Wasservorräte mit, die für Fahrten durch Steppengebiet nötig sind. Eine erhaltene Garratt-Lok, die „Vryheid Coronation" (nach einer Kohlenzeche benannt), schleppt regelmäßig Nostalgiezüge.

## Class GEA

| | |
|---|---|
| Bauart: | 2D1+1D2 |
| Baujahr: | 1946 |
| Dienstmasse: | 211,1 t |
| Stückzahl: | 50 |

| Bauart: | 2'D2' |
|---|---|
| Baujahre: | 1953–1955 |
| Leistung: | 2189 kW |
| Länge über Puffer: | 32.760 mm |
| Dienstmasse: | 120 t (Lok) + 114 t (Kondenstender) |
| Stückzahl: | 90 |

Um auch in der wasserarmen Karoo-Steppe Dampfloks einsetzen zu können, beschaffte die SAR bei Henschel und North British Lokomotiven, die mit einem Kondenstender ausgestattet waren. Dieser verfügte über Kühlrippen und Ventilatoren, zu denen der Abdampf der Lok hingeleitet wurde, um zu Speisewasser zu kondensieren. So wurde eine Wasserersparnis von ca. 60 Prozent erreicht.

# Abkürzungsverzeichnis

| | | | | | |
|---|---|---|---|---|---|
| **AFB** | Societé Anglo-Franco-Belge | **GNER** | Great North Eastern Railway | **Raw** | Reichsbahn-Ausbesserungswerk |
| **ALCo** | American Locomotive Company | **HBE** | Halberstadt-Blankenburger Eisenbahn | **RDZ** | Russische Eisenbahnen |
| **Aw** | Ausbesserungswerk | | | **RhB** | Rhätische Bahn |
| **BBC** | Brown-Boveri AG, Wien | **KED** | Königliche Eisenbahndirektion der preußischen Staatsbahnen | **SAR** | South African Railways (heute Transnet) |
| **BBÖ** | Bundesbahnen Österreichs (bis 1945) | | | **SBB** | Schweizerische Bundesbahnen |
| **BLS** | Lötschbergbahn | **LEW** | Lokomotivbau Elektrische Werke, Hennigsdorf | **SJ** | Staatliche Eisenbahnen Schwedens |
| **BLW** | Baldwin Locomotive Works | **LNER** | London & North Eastern Railway | **SLM** | Schweizerische Lokomotiv- und Maschinenfabrik, Winterthur |
| **BR** | British Railways | | | | |
| **Bw** | Bahnbetriebswerk | **LOB** | Lokomotivbau Babelsberg | | |
| **CD** | Tschechische Eisenbahn | **MAN** | Maschinenfabrik Augsburg Nürnberg | **SMF** | Sächsische Maschinenfabrik (vorm. Hartmann), Chemnitz |
| **CFL** | Luxemburgische Eisenbahnen | **MÁV** | Magyar Állami Vasutak | | |
| **CKD** | Ceskomoravska Kolben Danek, Prag | **MÁVAG** | Ungarische Lokfabrik, Budapest | **SNCB** | Belgische Staatsbahn |
| **CSD** | Tschechoslowakische Eisenbahn | | | **SNCF** | Französische Staatsbahn |
| **DSB** | Dänische Staatsbahnen | **MLW** | Montreal Locomotive Works | **SOB** | Südostbahn, Schweiz |
| **DB** | Deutsche Bundesbahn, Deutsche Bahn | **Nohab** | Nydkvist & Holm, Trollhättan | **SSIF** | Società Subalpina di Imprese Ferroviarie |
| **DR** | Deutsche Reichsbahn | **NS** | Niederländische Eisenbahnen | **SZD** | Sowjetische Staatsbahnen |
| **DÜWAG** | Düsseldorfer Waggonfabrik | **NSB** | Norwegische Staatsbahnen | **TCDD** | Türkische Staatsbahn |
| **EMD** | Electric-Motive Division (of General Motors Corporation) | **ÖBB** | Österreichische Bundesbahnen (ab 1945) | **VDV** | Verband Deutscher Verkehrsunternehmen, Köln/Berlin |
| **FART** | Ferrovie Autolinee Regionali Ticinesi | **OHE** | Osthannoversche Eisenbahn | **WLF** | Wiener Lokomotivfabrik |
| **FS** | Staatliche Eisenbahnen Italiens | **O & K** | Orenstein & Koppel, Berlin | **ZOJE** | Zittau-Oybin-Jonsdorfer Eisenbahn |
| **GE** | General Electric | | | | |
| **GM** | General Motors | **OSE** | Griechische Staatsbahnen | **ZSR** | Slowakische Staatsbahn |
| **GM-EMD** | Lokomotivsparte von General Motors | **PKP** | Polnische Staatsbahn | | |

## Bildautorennachweis

AH Archiv, Beckmann, Berndt, Bügel/Sammlung Bügel, Bünger, Campione, Deobeli, Eckert, Eisenmann, Fricke, Frick, Gärditz, Geisenfelder, Grimm, Gutjahr, Hehl/Sammlung Hehl, Heilmann, Heinrich, Heisig, Hubrich, Henschel, Hörstel, Kampmann, Kempf, Klein, Klonos, Küstner, Lehmann, Lehner, Lux, Meyer, Moll, Muth, Nelkenbrecher/Archiv EJ, Off, Osenbrügge, Paulitz, Peist, Räntzsch, Ritz, Rotthowe, SBB, Sieger, Siemens, Schmidt, Schuhböck, Schumacher, Sammlung Schulz, Stemmler, Tammearu/Eisenbahnmuseum Haapsalu, TEE-Classics, Tolini, Vollmer, von Ortloff, Vossloh, Wirtz, Wohlfart, Wollny, Zellweger